100가지 사진으로 보는
공룡과 멸종 생물

아뉴수야 친세이미-투란 지음
안젤라 리자, 다니엘 롱 그림
김미선 옮김
이정모 감수

책과함께 어린이

들어가며

지구에 생명이 탄생한 순간부터 시작되는 경이로운 탐험에 나설 준비가 되었나요?
이 책을 보며 여러분은 초기 생명체가 물에서 성장한 과정과, 한참 후에 식물
그다음에 동물이 어떻게 육지로 이동했는지 알게 될 거예요. 여러분의 상상력이
필요한 이상하고도 신기한 선사 시대 생명체를 많이 만날 거고요.
이들 중에는 무시무시하게 생긴 물고기와 엄청나게 큰 곤충도 있어요.
그리고 맞아요, 공룡도 있답니다!

더 나아가 공룡과 그 후손들이 어떻게 되었는지 배울 것이고,
포유류가 어쩌다가 우리 지구를 지배하게 되었는지도 알게 될 거예요.

마지막으로, 여행이 끝나 갈 무렵에는 초기 인류를 만나고 이들과 함께 살았던
동물들도 볼 거예요.

자, 이제 모험을 시작해 볼까요?

저자 아뉴수야 친세이미-투란

차례

고생대 4
스트로마톨라이트 6
디킨소니아 8
아노말로카리스 10
캄브리아기 대폭발 12
할루키게니아 14
쿡소니아 16
유립테루스 18
오스트랄라스터 20
케팔라스피스 22
에르베노킬레 24
아르카이오프테리스 26
헬리오파일룸 28
둔클레오스테우스 30
틱타알릭 32
이크티오스테가 34
육지로 이동하다 36
아비쿠로펙텐 38
인목 40
칼라미테스 42
아르트로플레우라 44
메가네우라 46
델토블라스투스 48
디메트로돈 50
세이무리아 52
헬리코프리온 54
토다이티즈 56
중생대 58
아라우카리옥실론 60
헤레라사우루스 62
수각류 공룡 64
모르가누코돈 66
옥시노티세라스 68
크리올로포사우루스 70
마소스폰딜루스 72
스테노프테리기우스 74
레피도테스 76
리오플레우로돈 78
아라우카리아 미라빌리스 80
이 82
알로사우루스 84
스테고사우루스 86
갑옷 공룡 88
디플로도쿠스 90
프테로닥틸루스 92
켄트로사우루스 94
시조새 96
사르코수쿠스 98
폴라칸투스 100
이구아노돈 102
조각류 공룡 104
프시타코사우루스 106
공자새 108
시노사우롭테릭스 110
무타부라사우루스 112
네오히볼라이트 114
파타고티탄 116
용각류 공룡 118
목련 120
스피노사우루스 122
헤스페로르니스 124
엘라스모사우루스 126
마이아사우라 128
파라사우롤로푸스 130
유오플로케팔루스 132
오르니토미무스 134
벨로키랍토르 136
아르케론 138
스티라코사우루스 140
각룡류 공룡 142
오비랍토르 144
플리오플라테카르푸스 146
에드몬토사우루스 148
데이노케이루스 150
파키케팔로사우루스 152
트리케라톱스 154
티라노사우루스 156
신생대 158
화폐석 160
티타노보아 162
헬리오바티스 164
미니 166
플로리산티아 168
바실로사우루스 170
우인타테리움 172
아르카에오테리움 174
호박 176
포루스라코스 178
메갈로돈 180
곰포테리움 182
오스트랄로피테쿠스 184
코엘로돈타 186
빙하기 188
글립토돈 190
스밀로돈 192
틸라콜레오 194
프로콥토돈 196
아르크토두스 198
밀로돈 200
팔레오록소돈 팔코네리 202
긴털매머드 204
다이어울프 206
최근에 멸종한 동물들 208
생명의 나무 210
이름의 뜻 알아보기 212
용어 풀이 214
그림으로 보는 고생물 216
사진 출처 224

고생대

5억 4100만 년 전부터 2억 5200만 년 전까지

지구는 45억 살이에요. 과학자들은 이렇게 어마어마한 시간을 좀 더 쉽게 이해하도록 시대별로 크게 쪼개었어요. 지구가 탄생하고 첫 40억 년을 선캄브리아대라 부르는데, 이 시기에는 미생물밖에 살지 않았어요. 우리에게 친숙한 동물은 현생 이언이 시작할 무렵 나타났답니다. 화석이 많이 나타난 시대인 현생 이언도 고생대, 중생대, 신생대 이렇게 크게 세 시대로 나뉘어요. 고생대는 2억 8900만 년 동안 이어졌으며 캄브리아기, 오르도비스기, 실루리아기, 데본기, 석탄기, 페름기 같은 여섯 가지로 나뉜답니다. 이 시대에는 다양한 생명체가 폭발적으로 늘어났어요. 처음에는 바다에서 나타났고, 그다음에 육지로 이어졌지요.

데본기 (4억 1900만 년 전~3억 5800만 년 전)

데본기에는 식물과 곤충이 육지에 더 많이 등장했어요. 이 시기가 끝날 즈음에는 처음으로 네 발 달린 동물이 육지를 기어 다녔고 땅은 숲으로 뒤덮였지요. 그러다 두 번째 대멸종이 일어나며 막을 내렸어요.

석탄기 (3억 5800만 년 전~2억 9800만 년 전)

석탄기에는 대륙들이 더 가까이 모였어요. 남쪽 지역은 여전히 얼음으로 뒤덮여 있었지만, 열대림도 많았답니다. 일부 양서류는 처음으로 파충류로 진화했어요.

캄브리아기 (5억 4100만 년 전~4억 8500만 년 전)

캄브리아기에는 거대한 땅덩어리 몇몇이 지구의 남반구에 모였어요. 바다에서는 저마다 다른 생명체가 빠르게 늘어났지요. 그래서 이때를 가리켜 '캄브리아기 대폭발'이라 부르기도 해요.

오르도비스기 (4억 8500만 년 전~4억 4300만 년 전)

오르도비스기에는 식물들이 물을 떠나 육지에서 생명을 이어 나가기 시작했어요. 하지만 이 시기가 끝날 무렵 거대한 빙하가 대륙 이곳저곳을 덮치며 대멸종을 일으켰답니다.

실루리아기 (4억 4300만 년 전~4억 1900만 년 전)

실루리아기에는 지구의 대륙이 다 같이 움직이기 시작했어요. 그리고 대멸종으로 사라진 생명의 기운이 서서히 회복되었지요. 이 시기에는 키가 큰 식물들이 자라기 시작했고 절지동물이 육지로 이동했답니다.

페름기 (2억 9800만 년 전~2억 5200만 년 전)

페름기에 이르자 대륙들은 판게아라 불리는 초대륙으로 합쳐졌어요. 파충류가 다양하게 진화하고 포유류의 조상도 등장했지만, 역대 가장 큰 규모로 대멸종이 일어나며 끝나고 말았답니다.

현대의 스트로마톨라이트는
해마다 1밀리미터씩 자라요.

스트로마톨라이트

스트로마톨라이트는 언뜻 보면 여느 커다란 바위 같아요. 사실 평범한 바위가 아니랍니다. 세계에서 가장 오래된 화석 중 하나인데, 시아노박테리아 또는 남세균이라 부르는 미생물이 만들었어요. 시아노박테리아가 미끈미끈한 덩어리에 흙과 모래 알갱이를 가두고 단단히 굳어지며 자라는 거예요. 시아노박테리아가 만든 스트로마톨라이트는 오늘날에도 찾을 수 있기는 하지만, 전 세계 단 몇 군데에만 있어요. 일반적인 동물들이 살 수 없는 아주 짠 소금물에 살지요. 그러니 동물들이 잡아먹을 수도 없답니다!

34억 년 전보다 더 오래전, 시아노박테리아가 오늘날 식물처럼 광합성을 시작하며 지구의 대기에 산소를 불어 넣었어요. 덕분에 산소로 호흡을 하는 생명체가 더욱 많이 등장했지요.

스트로마톨라이트.
선캄브리아대부터 현대까지, 전 세계.
24억 년 전에 생겨난
스트로마톨라이트의 단면을 보면
시아노박테리아가 자라면서 이룬
층을 볼 수 있어요.

7

디킨소니아는 몸통이 물렁물렁해서
모양만 화석으로 발견되고 있어요.

디킨소니아

믿기 힘들 수도 있지만, 여기 보이는 납작하고 잎사귀처럼 생긴 유기물은 사실 동물이었답니다! 동물인지 어떻게 알 수 있냐고요? 오직 동물에서만 찾을 수 있는 지방의 일종인 콜레스테롤이 디킨소니아 화석에서 나왔기 때문이에요. 이 생명체는 5억 6700만 년 전 즈음에 살았으며, 세계에서 가장 오래된 동물 중 하나랍니다. 어떤 동물이었는지 과학자들마다 의견이 갈리기는 하지만요.

디킨소니아는 어떻게 움직였을까요? 어떻게 자랐을까요? 이 알쏭달쏭한 생명체에 대해 아직 모르는 게 많아요. 디킨소니아는 입이나 장이 어디에 있는지도 확실히 알 수 없어요. 바다 밑바닥에서 움직이며 물렁물렁한 몸통의 아랫부분으로 먹이를 빨아들였다고 추측한답니다.

디킨소니아. 선캄브리아대, 아시아, 유럽, 오세아니아.
디킨소니아의 화석을 보면, 가운데를 중심으로 오른쪽과 왼쪽이 절반씩 나뉜 것을 알 수 있어요.

아노말로카리스. 캄브리아기, 아시아, 북아메리카, 오세아니아. 화석 속에 아노말로카리스의 길고 뾰족한 주둥이가 보여요.

아노말로카리스

아노말로카리스의 몸통은 여러 개로 나뉜 채 화석으로 발견되었어요. 그러자 과학자들은 처음에 서로 다른 동물들의 것이라 확신했어요. 둥그런 입을 보고 해파리라 생각했고 기다란 주둥이는 새우의 것이라 착각했지요. 하지만 결국 이 모든 부분이 모여 어떤 신기한 동물이 된다는 사실을 밝혀냈어요. 이 동물이 바로 아노말로카리스랍니다. 이 거대한 초기 절지동물은 갑각류와 곤충하고 가까운데, 바다에 살며 최대 1미터까지 자랐다고 해요.

아노말로카리스는 5억 년도 더 전에 살았어요. 헤엄칠 때에는 몸통의 납작한 부분을 날개처럼 활짝 펴서 미끄러지듯 물살을 갈랐지요. 길고 구부러진 주둥이는 무시무시한 돌기가 줄줄이 달려 있어서, 물컹한 먹잇감을 찌르는 데 안성맞춤이었답니다.

아노말로카리스는 그 시대에 살던 동물 중 가장 컸어요. 그리고 지구 최초의 최상위 포식자였답니다.

캄브리아기 대폭발

캄브리아기 대폭발은 약 5억 4100만 년 전, 캄브리아기에 다양한 생명체가 갑자기 늘어났던 현상을 말해요. 캄브리아기 대폭발이 일어나기 전에는 대형 동물 몇 종류만 살고 있었지만, 대폭발이 일어나며 온갖 종류의 생명체가 등장했지요. 어떤 이유로 이토록 빠르게 '폭발'이 일어났는지는 정확히 알 수 없어요. 대기에 산소가 늘어난 덕분에 동물의 크기가 커졌거나, DNA가 바뀌며 새로운 형태로 진화했다고 볼 수는 있지요. 그 시기에 살았던 신기한 동물들을 몇 종류 소개할게요.

할루키게니아

할루키게니아는 지렁이처럼 생긴 기괴한 모습이에요. 가느다란 다리로 걸어 다녔고 등에는 뾰족한 촉수가 달려 있었어요. 캐나다의 버제스 셰일이라는 화석 지대의 캄브리아기 바위에서 발견된 걸로 유명해요.

위악시아

뾰족 바늘이 돋친 위악시아는 바다 밑바닥에서 살았어요. 딱딱한 골편과 기다란 가시로 몸을 보호했지요. 과학자들은 위악시아가 달팽이 같은 연체동물에 속한다고 추측해요.

하이코우이크티스 (해구어)

작은 물고기처럼 생긴 하이코우이크티스는 특별한 동물이에요. 머리가 뚜렷이 보이고 원시적인 척추뼈가 있기 때문이지요. 모든 척추동물의 초기 조상으로 생각되고 있어요.

오파비니아

희한하게 생긴 오파비니아는 몸통이 말랑말랑했고, 끝부분에 집게가 달린 기다란 주둥이가 있었어요. 아마 이 집게로 먹잇감을 잡았을 거예요. 더 이상한 점은 머리에 눈이 다섯 개나 있었다는 거예요!

아노말로카리스

겉모습이 사납게 생긴 아노말로카리스는 캄브리아기 바다에 숨어 살았어요. 커다란 두 눈과 뾰족한 주둥이로 먹잇감을 사냥하는 거대한 포식자였지요. 아노말로카리스의 화석은 캐나다 버제스 셰일 화석 지대에서 발견되었어요.

할루키게니아

할루키게니아는 언뜻 보면 기둥에 붙어 있는 지렁이 같아요. 하지만 1970년대에 발견되었을 때 고생물학자들은 어떤 생물인지 헷갈렸대요. 도대체 무슨 종류일까? 곤충과 같은 절지동물일까, 아니면 갈고리 벌레의 조상일까? 이 동물의 정체는 아직도 확실하게 알 수 없어요. 할루키게니아가 어떤 생김새였는지 알아내는 일도 쉽지 않아요. 어느 부분으로 딛고 일어섰을까? 어느 쪽이 머리였을까?

최근에 발견된 5억 1000만 년 전 화석을 보면 다리가 10쌍이고 등에는 뾰족한 가시가 7쌍 돋아 있는 것을 알 수 있어요. 할루키게니아의 반달 모양 입은 작은 이빨로 둘러싸여 있었어요. 이빨이 글쎄 목까지 이어져 있었답니다! 아마도 먹이를 빨아들이면서 이빨로 잘게 찢어 위까지 보냈을 거예요.

할루키게니아라는 이름은 '마음이 혼란스럽다'라는 뜻에서 지어졌어요. 너무나 기괴하게 생겼으니까요.

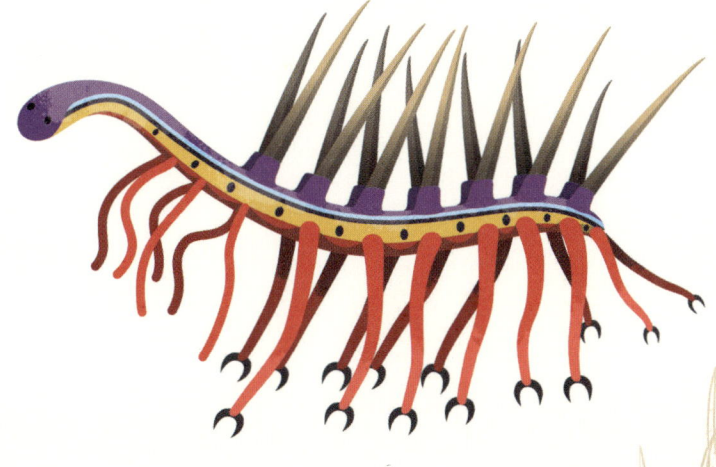

할루키게니아.
캄브리아기, 아시아와 북아메리카.
화석에서 왼쪽으로 할루키게니아의 머리가 보여요. 그리고 뾰족한 가시가 위로 쭉 뻗어 있군요.

쿡소니아

쿡소니아에는 잎이 없고 꽃도 피지 않아요. 뿌리도 없지요. 그럼에도 식물이랍니다! 튼튼한 줄기의 힘으로 자랐던 최초의 식물 중 하나예요. 그보다 먼저 등장한 식물은 물에서 살거나 땅 위에 달라붙어 자랐지요. 가지처럼 뻗어 있는 녹색 줄기로는 광합성을 하여 태양에서 에너지를 얻었던 것으로 보여요.

발견된 화석을 보면, 쿡소니아의 일생 중 어떤 한 단계만 알 수 있어요. 씨앗처럼 생긴 홀씨(포자)를 퍼뜨려 막 번식을 하던 참이었지요. 그때 타원 모양을 한 홀씨주머니가 줄기 끝자락에서 자랐어요. 이 시기 말고 다른 성장 과정이 어떠했는지는 아직 알 수 없답니다.

쿡소니아는 땅에서 자라는 최초의 식물 중 하나였어요.

쿡소니아. 실루리아기에서 데본기까지, 전 세계. 화석 맨 위에 컵처럼 생긴 모양이 홀씨주머니(포자낭)예요. 이곳에서 홀씨가 만들어졌지요.

유립테루스 레미페스는 미국 뉴욕 주를 대표하는 화석이에요.
유립테루스의 일종인데, 화석이 뉴욕에서 흔히 발견되거든요.

유립테루스

유립테루스는 오늘날 살고 있는 생명체와 닮은 구석이 하나도 없어요. 꼬리에 뾰족한 가시가 달려 있어서 광익류라 부르는 바다전갈에 속해 있었지요.
4억 년 전, 실루리아기 바다의 밑바닥을 기어다니던 유립테루스는 가시 돋친 팔로 먹잇감을 쫓아다니며 사냥했답니다. 화석으로 발견된 유립테루스의 배설물을 보면 어떤 것을 먹었는지 알 수 있어요. 삼엽충과 물고기가 있었고, 그 안에는 다른 유립테루스까지 있었답니다! 유립테루스의 뒷다리는 배를 젓는 노처럼 생겨서 재빠르게 헤엄칠 수 있었어요. 바다 밑에서는 걸을 수도 있었지요.
유립테루스는 성장하면서 겉껍데기를 벗겨 냈는데, 이런 껍데기가 화석으로 남을 때도 종종 있었어요.

유립테루스.
실루리아기, 북아메리카.
조각조각 나뉜 겉껍데기는 갑옷처럼 몸에 꼭 맞았어요.

오스트랄라스터

요 불가사리처럼 생긴 녀석은 지금이라도 바위 위를 기어다닐 것만 같지만, 사실 4억 3000만 년 전 화석이랍니다! 오스트랄라스터는 실루리아기에 살았어요. 그런데 캄브리아기에 나타난 최초의 불가사리도 오늘날 살아 있는 불가사리와 아주 비슷하게 생겼답니다. 불가사리는 극피동물이에요. 극피동물 중에는 성게와 거미불가사리 그리고 지금은 멸종한 블라스토이드가 있어요. 모두 겉껍데기가 단단하지요.

불가사리는 촉수처럼 생긴 관 모양 발로 바다 밑바닥을 기어다녀요. 이를 관족이라고도 하는데, 팔에 일직선으로 나 있는 홈마다 오돌토돌하게 나와 있지요. 그리고 가운데 홈이 모인 곳에 둥근 입이 있답니다. 선사 시대에 살던 불가사리는 바다 밑바닥에서 흐물흐물한 해면과 다른 무척추동물을 잡아먹었을 거예요.

오스트랄라스터는 '남쪽의 별'이라는 뜻이랍니다.
화석이 주로 오스트레일리아에서 발견되어요.

**오스트랄라스터.
실루리아기, 오세아니아.**
오스트랄라스터는 팔 다섯 개가
튀어나와서 오늘날
불가사리와 비슷해요.

케팔라스피스

케팔라스피스는 상어처럼 전기를 느끼며
먹잇감을 찾아다닐 수 있었어요.

**케팔라스피스.
데본기, 유럽과 북아메리카.**
케팔라스피스는 약 25센티미터까지 자랐어요. 여기 몸통 화석의 왼쪽에 머리를 보호했던 '투구'가 보이지요.

약 4억 년 전 데본기, 바다 밑바닥에서 느릿느릿 움직이던 케팔라스피스는 원구류의 일종이었어요. 원구류는 턱이 없어서 먹이를 씹을 수 없는 물고기를 말해요. 대신 머리 아래에 숨어 있던 입으로 바다 밑바닥에 있는 무척추동물을 진공청소기처럼 빨아들여서 먹었답니다.

케팔라스피스는 마치 투구를 쓴 듯, 구부러진 머리 위에 단단한 껍질이 있었어요. 사실 케팔라스피스라는 이름도 '투구'라는 뜻의 고대 그리스어랍니다. 고대 그리스 병사들은 머리를 보호하려고 투구를 썼어요. 투구 같은 단단한 껍질 덕분에 케팔라스피스는 자기보다 더 큰 물고기와 바다전갈들에게 한입에 덥석 잡아먹히지 않을 수 있었지요!

이 동물은 솟아오른 눈 덕분에 어디든지 볼 수 있었어요. 심지어 몸통 뒤로도 볼 수 있었지요.

에르베노킬레

에르베노킬레는 오랜 옛날에 살던 쥐며느리처럼 생겼지만, 실은 바닷속을 기어 다니던 삼엽충이었어요. 삼엽충은 거미와 곤충, 쥐며느리와 같은 절지동물이지만, 몸통이 머리부터 꼬리까지 세 개의 기다란 부분으로 나뉘어 있어요. 삼엽이라는 말도 '세 개의 잎'이라는 뜻이지요.

삼엽충은 캄브리아기부터 페름기가 끝날 때까지 전 세계에 걸쳐 살았고 종류도 많았어요. 껍데기가 단단하거나, 양쪽으로 뾰족한 가시가 셀 수 없이 돋은 삼엽충도 있었지요. 에르베노킬레처럼 눈이 위로 튀어나온 삼엽충도 있었고요. 에르베노킬레의 눈에는 수정체가 400개 넘게 있었고, 단단한 조각이 걸려 있어서 눈꺼풀처럼 눈을 보호해 주었답니다.

**에르베노킬레.
데본기, 아프리카.**
모로코에서 발견된 이 화석은 4억 년도 더 된 것들로, 가운데가 뾰족하게 튀어나와 있고, 나머지 두 화석에는 양쪽으로 가시가 돋아 있지요.

아르카이오프테리스

여러분은 솔방울과 바늘 잎사귀가 달린 높다란 소나무를 본 적이 있나요? 아니면 길게 갈라진 잎이 달린 양치류 식물은요? 이 두 종류의 식물을 합치면 아르카이오프테리스가 된답니다! 아르카이오프테리스의 잎과 몸통이 발견되었을 때, 놀랍게도 침엽수와 양치식물이 섞인 모양이었어요. 그래서 또 다른 종에 속한다고 생각했지요. 사실 아르카이오프테리스는 양치식물과 나무의 중간 단계에 해당해요. 높은 나무 기둥이 있지만 씨앗이 아니라 작은 홀씨로 번식을 했답니다.

아르카이오프테리스는 번식성이 매우 강했기 때문에 강 가까이에 있는 축축한 땅에 자라며 세계 곳곳에 숲을 만들었어요. 떨어진 나뭇잎은 썩으면서 땅에 영양분을 주었어요. 덕분에 땅이 더욱 비옥해졌겠지요.

아르카이오프테리스는 지구에서 자랐던 최초의 나무 중 하나예요.

아르카이오프테리스.
데본기에서 석탄기까지, 전 세계.
아르카이오프테리스의 화석에 양치식물 특유의 갈라진 잎사귀가 보여요.

헬리오파일룸

헬리오파일룸은 오늘날 화석 달력으로 쓸 수 있는 산호의 일종이었어요. 산호충이라 부르는 말랑말랑한 몸통은 화석이 되지 않았지만, 단단하고 뿔처럼 생긴 껍데기는 화석으로 남았지요. 산호가 살아 있을 때에는 골격의 맨 윗부분이 매일 한 겹씩 생겼어요. 화석이 몇 겹으로 되어 있는지 세어 보면, 헬리오파일룸이 살았던 데본기의 1년이 420일이었다는 사실을 알 수 있어요. 지금은 365일이 1년이므로 55일이 더 길었던 셈이죠!

헬리오파일룸은 뾰족한 끄트머리를 해저의 모래에 푹 박은 채 혼자 살았어요. 현대의 산호처럼 물속에서 촉수를 흔들며 작은 먹이 조각을 잡아먹었답니다.

헬리오파일룸. 데본기, 아프리카, 북아메리카, 남아메리카.
헬리오파일룸 화석은 뿔처럼 생겼으며, 끄트머리에는 산호충이 있었어요.

헬리오파일룸은 주름진 산호의 한 종류예요. 영어로 '러고스 rugose 산호'라고 하는데 '주름이 많다'라는 뜻이랍니다.

둔클레오스테우스

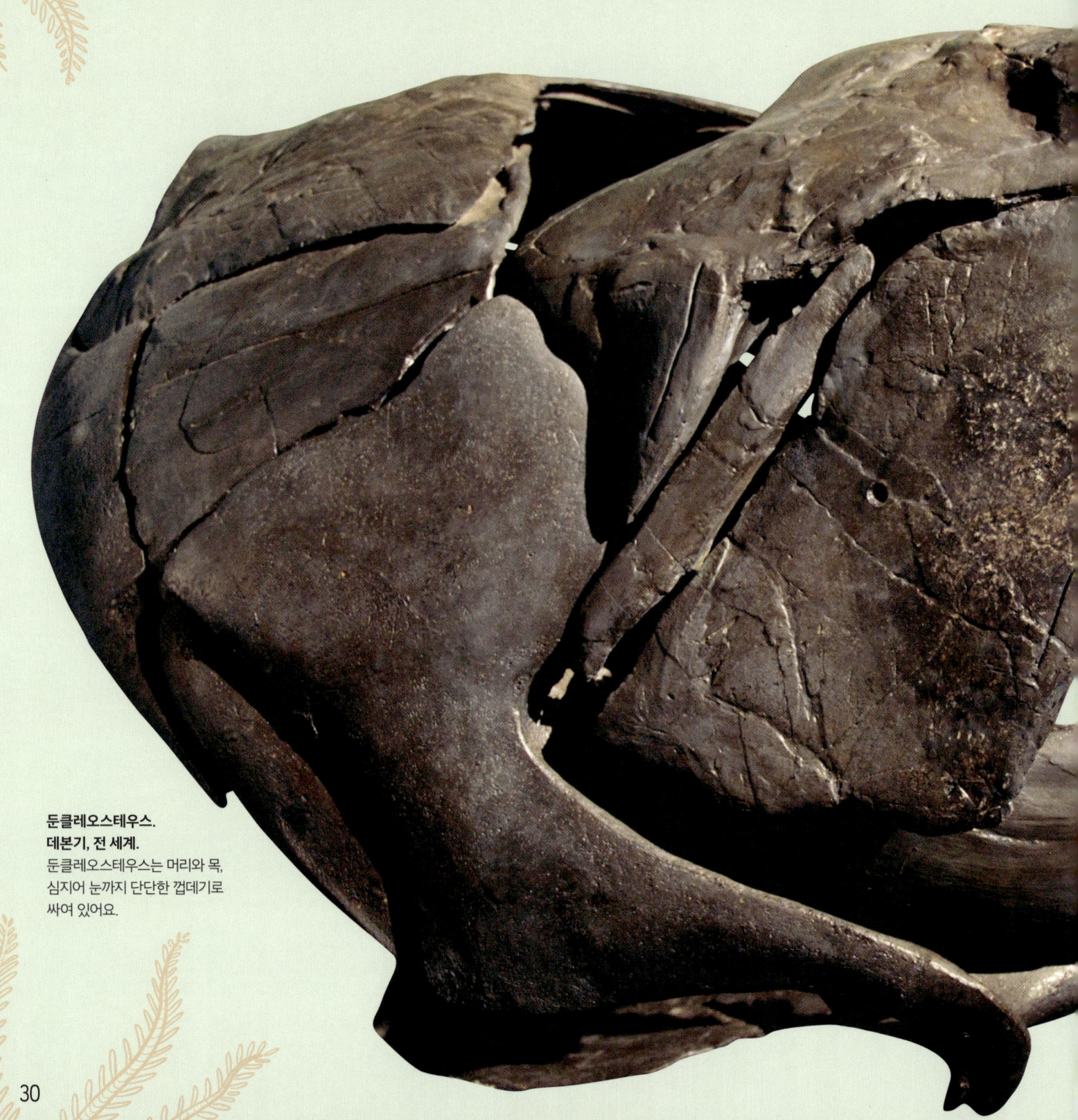

**둔클레오스테우스.
데본기, 전 세계.**
둔클레오스테우스는 머리와 목, 심지어 눈까지 단단한 껍데기로 싸여 있어요.

둔클레오스테우스는 데본기에 살았던 무시무시한 포식 동물이에요. 그 시대의 가장 큰 척추동물이었지요. 몸통만 9미터에 이를 정도로 거대한 몸집을 자랑했답니다. 머리와 목, 몸통 앞쪽의 절반은 튼튼하고 단단한 판으로 덮여 있어서 다른 둔클레오스테우스와 같은 커다란 포식자의 공격을 막을 수 있었어요. 이빨은 없었지만, 뼈로 이루어진 뾰족한 부리가 거대한 턱으로 이어졌어요. 그래서 먹잇감의 단단한 껍데기를 덥석 물어서 산산조각 낼 수 있었어요.

이상하게도 둔클레오스테우스와, 갑옷 같은 단단한 껍데기를 두른 물고기 친척들은 3억 6000만 년 전에 후손을 남기지 않고 모조리 멸종하고 말았어요. 그 이유는 확실히 알 수 없어요. 그렇지만 과학자들은 둔클레오스테우스가 자신보다 더 빨리 헤엄치며 먹잇감을 빼앗아 가는 상어에 시달리며 힘겹게 살았을 거라 추측해요.

둔클레오스테우스는 티라노사우루스와 맞먹을 정도로 턱 힘이 세답니다.

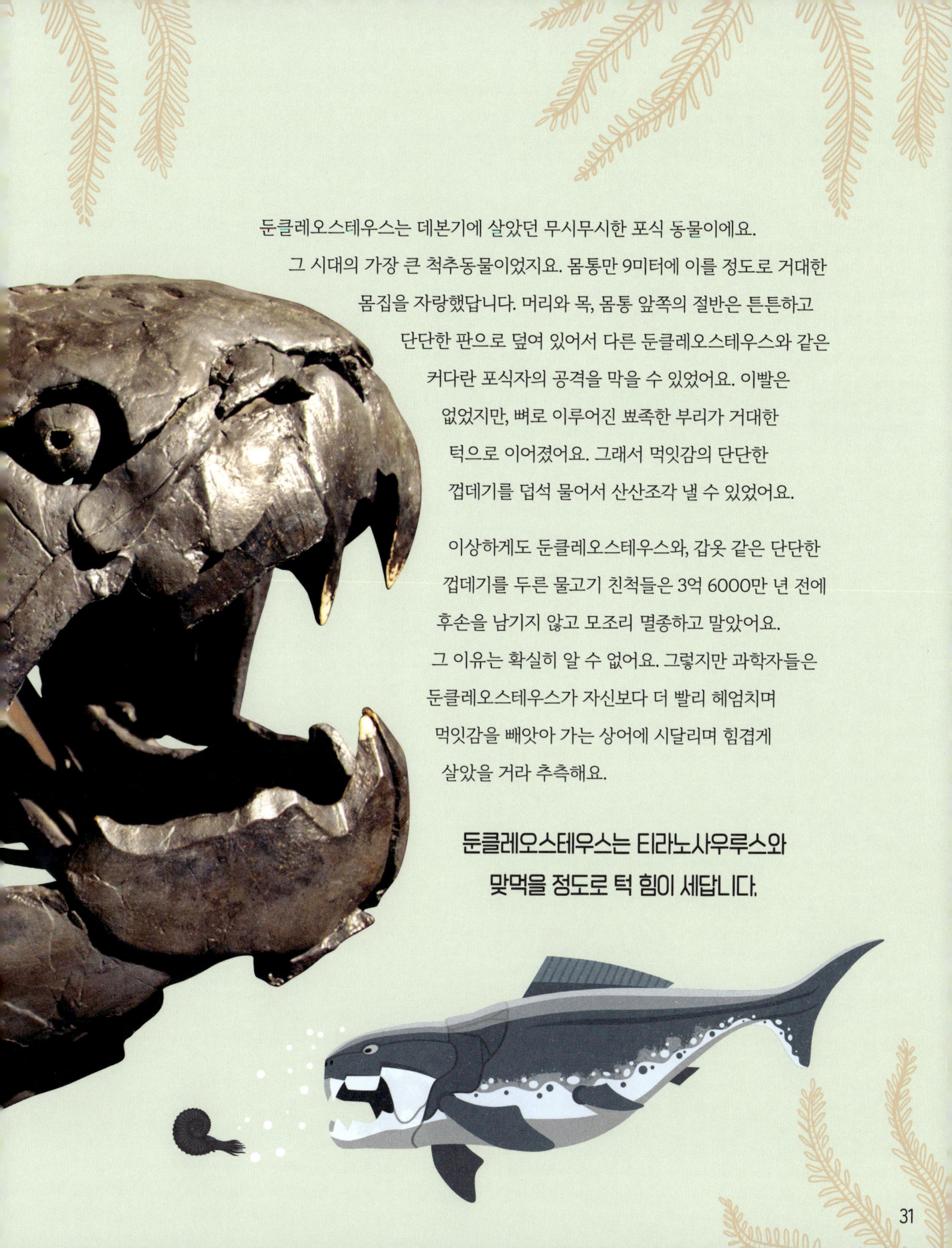

틱타알릭

연못 옆에 앉아 보아요. 그리고 물고기가 물속에서 기어 나와 뭍으로 가는 모습을 상상해 보세요! 이 신기한 동물인 틱타알릭이 정말 그렇게 다녔답니다. 틱타알릭은 물고기와 네 발 달린 동물이 뒤섞인 특징이 있었어요. 물고기처럼 지느러미와 비늘이 있었지만, 납작한 머리뼈와 튼튼한 팔다리, 움직일 수 있는 목 등 몸의 다른 부분은 초기 양서류와 비슷했답니다. 폐와 아가미가 둘 다 있는 것으로 보아, 과학자들은 틱타알릭이 질퍽질퍽한 강둑을 기어다니면서 호수에서는 헤엄도 쳤다고 추측해요.

틱타알릭 화석의 발견은 매우 중요한 의미가 있어요. 어류의 특징이 있기에 3억 7500만 년 전 물속에 살던 동물이 어떻게 육지 동물로 진화했는지 보여 주기 때문이죠.

틱타알릭.
데본기, 북아메리카.
틱타알릭은 머리 모양이 삼각형이고, 눈이 위로 툭 튀어나와 있어요.

틱타알릭은 이누이트어로 '커다란 민물고기'라는 뜻이에요. 북극 지방에 사는 사람들이 화석을 발견했기 때문에 그곳의 언어로 이름이 지어졌답니다.

**이크티오스테가,
데본기, 북아메리카.**
이크티오스테가의 넓적한
뒷다리에 달린 발가락
일곱 개가 보이나요?

이크티오스테가는 지구에 살던
초기 네 발 달린 동물 중 하나예요.

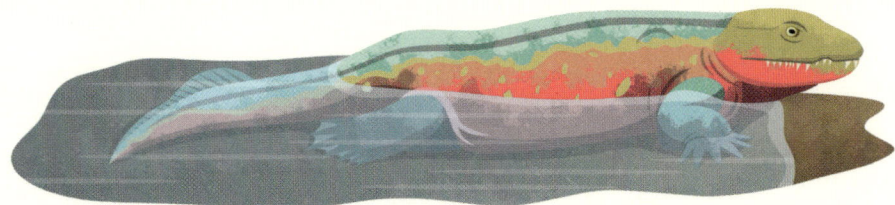

이크티오스테가

틱타알릭과 비슷하게, 이크티오스테가도 물고기처럼 생겼지만 양서류처럼 보이기도 해요. 이크티오스테가는 틱타알릭이 살았던 시기로부터 약 500만 년 후인 3억 7000만 년 전에 살았어요. 아가미가 있어서 물에서 숨을 쉴 수 있었고, 폐가 달려 있어서 물 밖에서도 호흡했지요. 육지에서는 기어다니는 동시에 물에서 헤엄을 칠 줄 알았어요. 하지만 탁타일릭과 달리 이크티오스테가는 지느러미가 없었고 대신 통통한 다리가 있었어요. 덕분에 늪 사이로 몸을 질질 끌면서 다리로 지탱할 수 있었지요. 특이하게도 뒷다리에는 발가락이 일곱 개나 달려 있었어요! 발가락 사이에는 물갈퀴가 달려서 헤엄을 치는 데 도움이 되었을 거예요. 이크티오스테가의 눈은 머리 위에 달려 있었고 사냥하기에 더할 나위 없을 정도로 시력이 좋았답니다. 길고 뾰족한 이빨로 먹잇감을 한 입에 덥석 물었어요.

육지로 이동하다

지구에 이제 막 등장한 초기 생명체들은 물에서만 발견되었어요. 대양에는 조류가 둥둥 떠다녔고, 물고기가 강과 바다를 거닐며 헤엄쳤죠. 이렇게 물에서만 사는 생명체들에게 육지로 가는 일은 무척이나 큰 도전이었어요. 어떻게 몸이 메마르지 않고 살 수 있었을까요? 그리고 어떻게 걸을 수 있었을까요? 나무는 큐티클이라는 보호막으로 겉을 단단히 감싸서 수분이 빠져나가지 않도록 진화했어요. 그리고 줄기도 튼튼해져서 높이 자랄 수 있게 되었지요. 엽상 지느러미 물고기들은 미끌미끌한 막이나 비늘이 발달하여 수분을 빼앗기지 않도록 했고요. 지느러미는 팔다리로 바뀌어 기어다니거나 뛸 수 있게 되었답니다. 하지만 이렇게 되기까지는 무려 수백만 년이나 걸렸어요!

민물 녹조류

DNA를 연구해 보니 이 식물들은 민물 녹조류와 가장 가깝다는 사실이 밝혀졌어요. 식물들이 어떻게, 언제 육지로 자리를 옮겼는지는 정확히 말할 수 없지만, 4억 7300만 년 전쯤이라는 것을 알게 되었어요.

인목

초기 높다란 식물 중 하나는 나무처럼 생긴 인목이었어요. 인목은 최대 50미터까지 자랄 수 있었어요. 그 비결은 기둥이 튼튼하고, 그 속에서 물과 영양분을 실어 나를 수 있도록 발달한 덕분이었답니다.

스키아도피테온

스키아도피테온은 데본기부터 있었다고 알려진 초기 식물이에요. 육지 식물에게 필요한 중요한 특징이 발달했지요. 컵 모양으로 생긴 구조물 덕분에 생식 세포가 마르지 않게 된 것이지요.

유스테놉테론
유스테놉테론은 데본기에 살았던 엽상 지느러미 물고기의 대표 주자예요. 엽상 지느러미 물고기는 팔다리와 비슷한 지느러미가 있었고, 네 발 다린 동물의 선조라고 생각되어요.

틱타알릭
'사지형 어류'로도 불리는 틱타알릭은 엽상 지느러미 물고기와 네 발 달린 동물의 특징이 모두 있었어요. 틱타알릭은 물에서 살았지만, 육지에도 기어 나올 수 있었지요.

이크티오스테가
이크티오스테가는 초기 네 발 달린 물고기로, 데본기 말기까지 얕은 늪에서 살았던 것으로 추측해요. 폐가 있어서 공기로 호흡했고 네 발로 몸을 지탱했지요.

에리옵스
육식 동물이었던 에리옵스는 육지와 물에서 모두 살 수 있었던 양서류였어요. 하지만 알은 물에서 낳아야 했지요. 껍질이 단단한 알을 낳는 파충류과로 진화하자, 육지로 더 멀리 갈 수 있게 되었답니다.

아비쿠로펙텐

아비쿠로펙텐은 단단한 두 개의 조개껍질 속에 말랑말랑한 몸통이 있는 이매패류 조개였어요. 오늘날에는 홍합, 굴, 가리비 등 무척이나 다양한 종류의 조개가 있지요. 아비쿠로펙텐의 껍질은 부채꼴이며 지그재그 무늬가 있었어요. 짙은 지그재그 무늬는 주변 어딘가에 숨어, 포식자의 눈에 띄지 않도록 하는 데 쓰였을 거예요. 단단한 조개껍질이 속의 부드러운 몸통을 보호해 주면서도, 그 사이로 촉수를 쑥 내밀어 작은 플랑크톤을 잡아먹기도 했답니다.

조개류는 캄브리아기 대폭발 시기인 5억 4100만 년 전 즈음에 처음 등장했어요. 이때 수많은 동물들이 새로이 나타났지요. 하지만 아비쿠로펙텐은 훨씬 더 나중이었던 데본기에 살았답니다.

아비쿠로펙텐. 데본기에서 트라이아스기까지, 전 세계.
지그재그 무늬가 있는 껍데기는 3억 6000만 년 전 즈음에 살았던 아비쿠로펙텐의 것이에요.

아비쿠로펙텐의 단단한
조개껍질만 화석이 되어
발견되고 있답니다.

39

오늘날 쓰이는 석탄 대부분은 3억 년도 더 전에 죽은
인목의 화석에서 온 것이랍니다.

인목

어린 인목은 몸통 위에 좁은 잎이 다닥다닥 붙어 있어 마치 병 닦는 솔처럼 생겼어요. 나무가 자라면서 아래에 있는 나뭇잎이 떨어지지요. 그러면 원래 나뭇잎이 있던 자리에는 물방울 모양 자국이 남아요. 인목은 '비늘 나무'라는 뜻인데, 몸통에 비늘 무늬가 남은 채 화석이 된 까닭에 이런 이름이 붙었어요. 이 높다란 나무는 전 세계에서 가장 먼저 나타난 대형 육상 식물 중 하나랍니다. 최대 50미터까지 자랐고, 뿌리처럼 생긴 특이한 가지가 아래를 받쳐 준 덕분에 위로 계속해서 자랄 수 있었어요.

인목은 빽빽한 숲을 이루며, 대기에서 나오는 이산화탄소를 어마어마하게 많이 흡수했어요. 이산화탄소로 지구는 따뜻해졌지만, 그 양이 점점 줄어들자 석탄기 말기에 빙하기가 찾아온 것으로 보여요.

인목.
석탄기, 전 세계.
파충류의 비늘처럼 보이겠지만,
실은 인목에서 떨어진 잎이
남긴 자국이에요.

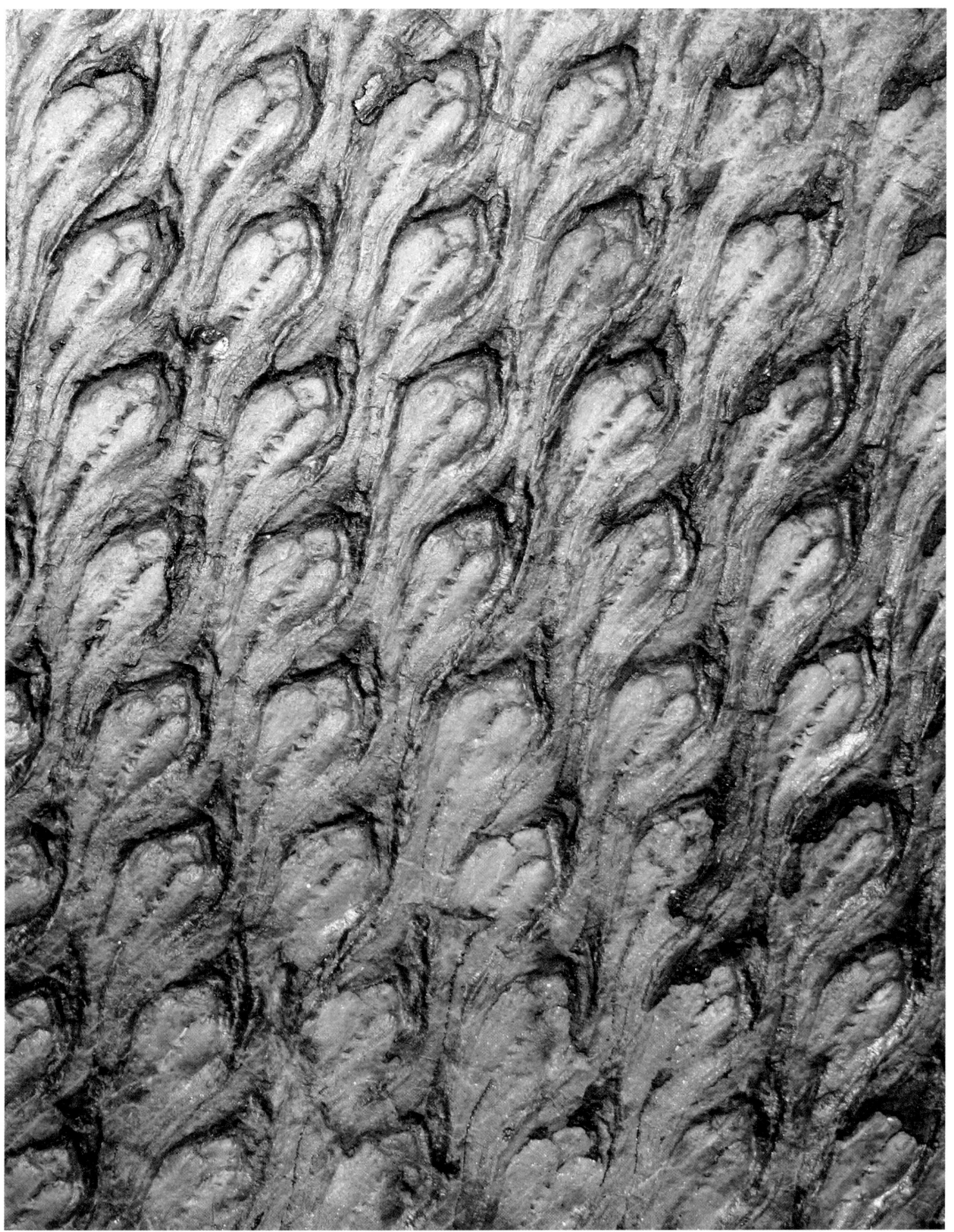

**칼라미테스.
석탄기, 전 세계.**
칼라미테스 나뭇잎의 화석은 '안눌라리아'라 불려요. 나뭇잎 화석이 나무 몸통과 떨어져서 발견되어 이름이 따로 붙었어요.

속새류는 '살아 있는 화석'이라 일컬어요. 아주 오래전부터 있었지만 지금도 발견되기 때문이지요.

칼라미테스(노목)

현대의 속새류 식물은 땅 가까이에서 낮게 자라요. 그 생김새가 북슬북슬한 말의 꼬리와 닮았다고 해서 영어로 '호스테일 horsetail'이라는 이름이 붙었어요. 하지만 칼라미테스와 같은 아주 오래전 속새류는 나무만큼 높이 자랐답니다! 그 시대의 속새류는 튼튼하고 위로 뻗어 나가는 초기 식물 중 하나였는데, 이러한 특징 덕분에 높이 자랄 수 있었어요. 칼라미테스는 몸통이 길고 대나무처럼 생겼고, 최대 50미터까지 자랐지요. 가지에서는 나뭇잎이 여기저기 뻗어서 자랐어요. 덕분에 배고픈 초식 동물에게는 먹음직스러운 먹이가 되어 주었어요.

칼라미테스는 3억 년 전, 인목과 더불어 살았어요. 씨앗이 아닌 아주 작은 홀씨를 퍼뜨려 번식을 했지요. 홀씨는 가지 끝에 있는 '스트로빌'이라는 솔방울 모양 조직에서 만들어졌답니다.

아르트로플레우라

아르트로플레우라는 육지에 살던 무척추동물 중에서 가장 크기가 컸어요.

노래기와 지네의 먼 친척쯤 되는 아르트로플레우라는 꾸물꾸물 기어다니는 대형 동물이었어요. 길이가 2.5미터나 되었지요. 이 정도면 치타의 몸통보다도 더 길었던 셈이에요! 그토록 커다랗게 자랄 수 있었던 까닭은 약 3억 년 전 아르트로플레우라가 살아 있을 때, 대기 속 산소의 양이 많았기 때문이에요.

아르트로플레우라는 축축한 숲속에 살며 우적우적 씹어 먹을 식물을 찾아다녔지요. 실제로 크기가 매우 큰 초기 초식 동물 중 하나였답니다.

아르트로플레우라의 몸통은 30개 부분으로 나뉘어 있었는데, 각 부분마다 거칠거칠한 골편으로 덮여 있었어요. 화석이 된 아르트로플레우라의 발자국은 어떻게 보면 기찻길 같아요. 그리고 몸통 너비도 50센티미터까지 자랐답니다.

아르트로플레우라.
석탄기, 유럽과 북아메리카.
화석을 보면 아르트로플레우라의 다리에 관절이 있었다는 것을 알 수 있어요.

메가네우라. 석탄기, 유럽.
메가네우라라는 이름은 '커다란 날개 맥이 있다'는 뜻이에요. 날개 속에 혈관이 복잡하게 얽혀 있어서 붙은 이름이지요.

그리핀플라이와 가까운 메가네우라는
날아다니는 곤충 가운데 가장 컸어요.

메가네우라

독수리만 한 크기의 날벌레를 상상해 본 적이 있나요? 3억 년 전에는 거대 곤충들이 흔하게 하늘을 날아다녔어요. 메가네우라는 잠자리와 비슷하게 생겼어요. 하지만 잠자리와는 동떨어진 친척이었답니다. 거대한 날개를 펄럭이며 다른 곤충을 주로 잡아먹었는데, 작은 도마뱀도 낚아챌 만큼 굉장히 컸어요. 위에서 내려다보며 다리에 달린 특별한 가시로 먹잇감을 꽉 잡았지요. 그래서 먹잇감이 도망갈 틈을 주지 않았답니다.

거대 곤충이 왜 오늘날에는 존재하지 않을까요? 석탄기에는 대기에 산소가 지금보다 훨씬 많았기 때문에 곤충들이 편하게 숨을 쉬었고, 그래서 더 크게 자랐을 거예요.

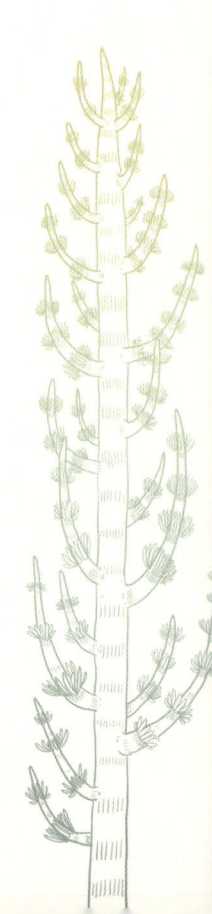

델토블라스투스

블라스토이드는 약 4억 7200만 년 전부터
약 2억 5200만 년 전까지 살았어요.
그 이후 대멸종으로 지구에서 사라졌지요.

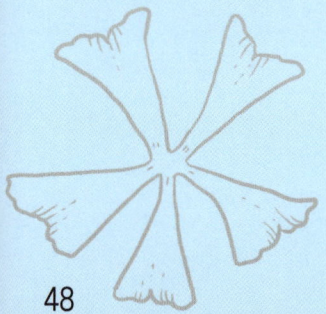

델토블라스투스. 페름기, 아시아.
델토블라스투스의 난포막, 또는 몸통 화석은 우리 손바닥에 쏙 들어갈 정도의 크기예요.

기다란 줄기 맨 위, 깃털 같은 느낌의 길게 갈라진 잎이 물속에서 살랑살랑 흔들리는 모습을 보면 이 생명체가 식물이라고 착각할 거예요. 하지만 사실 불가사리와 성게의 친척쯤 되는 블라스토이드랍니다. 델토블라스투스와 같은 블라스토이드는 바다에 살았어요. 이들은 줄기를 바다 밑바닥에 단단히 고정하고 맨 위에는 생식 기능을 담당하는 난포막을 두었지요. 난포막은 단단한 골편으로 둘러싸여 있었고 별 모양으로 나열된 홈이 다섯 개 있었어요. 머리카락처럼 생긴 섬세한 촉수가 홈에서 나와 물에 떠다니는 작은 먹이 입자를 잡아먹었지요. 먹이는 촉수 사이에 숨겨진 입속으로 들어갔어요.

디메트로돈

디메트로돈은 몸길이가 최대 4.6미터까지 자랐어요. 바다 악어의 크기와 맞먹지요.

디메트로돈이라 하면 가장 먼저 떠오르는 특징이 바로 등 위의 높다란 돛 모양 돌기예요. 이 돛 모양은 알록달록 색깔을 입혀 짝을 찾는 데 쓰였을 수도 있어요. 하지만 이것만 보고 디메트로돈의 특징을 모두 알았다고 할 수는 없어요. 다른 동물들과는 달리, 크기가 저마다 다른 물방울 모양 이빨이 있거든요. 디메트로돈이라는 이름도 '크기가 다른 두 개의 이빨'이라는 뜻이에요. 턱에 크고 작은 이빨이 모두 있었기 때문이지요. 디메트로돈은 2억 9500만 년 전 페름기에 가장 무시무시한 포식자였어요. 잡은 것은 무엇이든 우적우적 먹어 치웠답니다!

디메트로돈은 공룡처럼 생겼지만 각각의 눈 뒤에 있는 머리뼈에 구멍이 하나 있었어요. 이를 통해 디메트로돈이 파충류보다는 포유류에 가깝다는 사실을 알 수 있어요. 공룡은 눈 뒤에 구멍이 두 개 있답니다.

**디메트로돈.
페름기, 유럽과 북아메리카.**
디메트로돈의 돛은 길고 단단한 등뼈가 떠받쳤어요. 나머지 두 화석에는 양쪽으로 가시가 돋아 있지요.

세이무리아의 턱은 뾰족한 이빨로 들어차 있었어요.
입천장에도 이빨이 있을 정도랍니다.

세이무리아

골격만 보면 세이무리아가 어떤 동물이었는지 알쏭달쏭할 거예요. 넓적한 삼각형 머리뼈는 양서류의 특징이지요. 하지만 튼튼한 다리로 몸통을 땅 위에서 떠받치는 모습은 파충류에 가까워요. 사실 2억 9000만 년 전에 살았던 세이무리아는 양서류에서 초기 파충류로 옮겨 가는 단계에 있었어요. 주로 육지에 살면서 무척추동물을 사냥하고 식물을 먹으며 살았을 거예요. 하지만 세이무리아와 가까운 동족의 화석을 보면 어린 개체에게 아가미가 있었던 것으로 보여요. 세이무리아는 개구리처럼, 자라면서 몸이 변하는 변태를 거쳤다고 할 수 있지요. 물속에서는 올챙이로 있다가 자라면서 육지 동물로 변하는 거예요.

세이무리아.
페름기, 유럽과 북아메리카.
세이무리아의 튼튼한 다리와 갈비뼈를 보면 육지에서 걸어 다녔다는 것을 알 수 있어요.

**헬리코프리온.
페름기, 전 세계.**
사진 속 이빨을 보면 더 오래되고
작은 이빨들이 소용돌이 가운데로
갔다는 사실을 알 수 있어요.

헬리코프리온

헬리코프리온은 기괴하게 생긴 물고기예요. 상어와 비슷하게 생겼는데 톱니바퀴 모양의 이빨이 있었거든요. 헬리코프리온의 골격은 물렁물렁한 연골로 이루어져 있어요. 그래서 주로 소용돌이 모양의 이빨만 화석으로 남아 있지요. 이 물고기는 커 가면서 이빨이 바깥에서부터 소용돌이 모양으로 자랐어요. 더 작고 오래된 이빨일수록 점점 소용돌이 중심으로 밀려났답니다.

100년이 넘도록 소용돌이 이빨이 어디에 붙어 있었는지 알아내지 못했어요. 고생물학자들은 이빨을 헬리코프리온의 꼬리, 코, 심지어 등에도 놓아 보았죠! 하지만 새롭게 발견된 화석에서는 소용돌이 이빨이 아래턱을 이루고 있었어요. 헬리코프리온이 입을 닫으면, 이빨이 뒤로 회전하며 연약한 먹잇감의 몸을 가두고 잘게 잘랐답니다.

생김새는 상어와 닮았지만, 2억 8000만 년 된 헬리코프리온은 깊은 바닷속에서 사는 현대의 은상어류에 좀 더 가까워요.

토다이티즈. 페름기에서 쥐라기까지, 아시아와 유럽. 토다이티즈의 길게 갈라진 잎을 보면 잎사귀들이 가운데 줄기에서 가지처럼 뻗어 나갔다는 사실을 알 수 있어요.

토다이티즈

**양치식물은 약 3억 6000만 년 동안 지구에 살고 있었고
지금도 전 세계 곳곳에서 찾아볼 수 있어요.**

쥐라기에 살던 커다란 초식 동물들은 잎이 무성한 토다이티즈를 보면 무척이나 반가웠을 거예요. 이 양치식물은 길게 갈라진 초록 잎이 밑에서부터 사방으로 쫙 펼쳐져서 자랐지요. 토다이티즈는 양치식물의 직계 가족이며, 같은 종 일부는 오늘날에도 존재한답니다.

토다이티즈의 화석을 보면 작은 홀씨를 만드는 잎사귀가 있었다는 것을 알 수 있어요. 홀씨에서는 새로운 양치식물이 자랐지요. 홀씨는 잎 아래에 덕지덕지 붙어 있는 채 발견되었어요. 식물에서 홀씨가 만들어지지 않을 때에는 잎사귀의 모양이 매우 달라져요. 사실, 홀씨가 없는 잎사귀의 화석은 클라도플레비스라는 완전히 다른 이름으로 불린답니다!

중생대

2억 5200만 년 전부터 6600만 년 전까지

중생대는 '파충류의 시대'라고도 불려요. 이 시대는 트라이아스기, 쥐라기, 백악기 같은 세 시기로 나눈답니다. 트라이아스기 후기부터 공룡이 나타나, 마침내 지구를 지배하는 육상 동물이 되었어요. 파충류 군단은 바다와 하늘도 지배했지요.

이 시대에는 육지에서 엄청난 변화도 일어났어요. 초거대 대륙인 판게아가 조각조각 갈라져 백악기 말기에는 오늘날의 대륙과 거의 비슷한 위치를 차지하게 되었답니다. 이 시대는 거대 소행성이 지구와 충돌하고 수많은 생명체를 휩쓸어 버리며 막을 내렸어요.

백악기 (1억 4600만 년 전~6600만 년 전)

이 시대에는 공룡이 육지를 지배했지만 새로운 종류의 포유류도 등장했지요. 그러나 소행성이 지구와 충돌하며 대멸종이 일어났고 파충류와 익룡의 시대는 막을 내리고 말았습니다.

트라이아스기 (2억 5200만 년 전~2억 100만 년 전)

트라이아스기에는 판게아가 갈라지기 시작하여 '로라시아'와 '곤드와나'라는 두 개의 대륙으로 나뉘었어요. 침엽수가 육지 전체로 퍼졌고, 포유류와 공룡이 모두 이 시기에 등장했지요. 하지만 대멸종이 일어나자 트라이아스기는 끝나고 말았습니다.

쥐라기 (2억 100만 년 전~1억 4600만 년 전)

쥐라기에는 공룡과 악어, 익룡이 육지를 지배했어요. 쥐라기 중반이 될 무렵 최초의 새가 공룡에서 진화하였고 식물은 꽃을 피우기 시작했지요. 대륙은 멈추지 않고 계속 갈라져 점점 서로 떨어졌어요.

아라우카리옥실론

미국 애리조나 주에서는 아라우카리옥실론과 같은 거대한 침엽수가 쥐라기 내내 빽빽하게 숲을 이루었어요. 오늘날 화석이 된 나무 기둥은 석화가 되었지요. '나무가 돌처럼 변했다'라는 뜻이에요. 석화는 나무가 죽어서 화산재에 묻힐 때 일어나요. 시간이 흐르며 재에서 나온 석영과 같은 광물이 나무의 자리를 대신했지요. 석화가 된 나무는 아주 알록달록하게 변해서 때로 '무지개 나무'라고 불리기도 해요. 밝은 빛깔은 광물 속 각각 다른 물질에서 나온 것이랍니다. 예를 들어 붉은색은 철에서, 검은색은 탄소에서 왔어요. 나무는 보존이 매우 잘 되기 때문에 얇게 조각을 내서 현미경으로 관찰하면, 식물에 원래 있던 세포가 지금도 보일 정도랍니다!

석화된 나무는 매우 튼튼해서 건물을 짓는 재료로 쓰이기도 해요.

**아라우카리옥실론.
트라이아스기, 북아메리카.**
아라우카리옥실론의 나무 기둥을 반으로 가르고 다듬었더니 내부의 밝은 빛깔이 보여요. 나무의 나이테가 지금도 보이네요!

헤레라사우루스

헤레라사우루스의 화석은
아르헨티나에서만 발견됩니다.

**헤레라사우루스.
트라이아스기, 남아메리카.**
헤레라사우루스는 골격이 날렵했어요.
긴 꼬리 덕분에 균형을 유지할 수
있었지요.

헤레라사우루스는 중생대 초기에 활동한 공룡 중 하나예요. 공룡이 처음 등장한 약 2억 3000만 년 전, 트라이아스기에 살았지요. 헤레라사우루스가 어떤 종류의 공룡이었는지 과학자들마다 아직도 의견이 달라요. 하지만 육식 공룡인 것은 분명했답니다. 길고 강력한 다리로 재빨리 뛸 수 있었고 짧은 앞다리에는 무시무시하고 구부러진 발톱이 달려 있었지요. 턱에는 뾰족한 이빨이 늘어서 있어서, 작은 초식 공룡과 다른 파충류를 잡아먹기에 안성맞춤이었답니다. 헤레라사우루스는 이러한 무시무시한 무기로 동족끼리 싸웠을 수도 있어요. 머리뼈에 구멍이 난 헤레라사우루스의 화석이 발견되었거든요. 아마도 다른 헤레라사우루스의 이빨 자국으로 보여요.

수각류 공룡

육식 공룡 대부분은 수각류에 속해요. 수각류 공룡은 앞다리는 짧은데 뒷다리는 길고, 이빨과 발톱이 날카로운 경우가 많았지요. 보통 뒷다리로 걸었어요. 하지만 크기와 먹이는 저마다 달랐답니다. 작은 수각류는 곤충과 같은 무척추동물을 먹었어요. 물고기를 먹은 수각류도 있었고요. 가장 큰 수각류 공룡은 초식 공룡을 잡아먹은 반면, 어떤 수각류는 식물도 먹었답니다! 공룡들은 대부분 백악기 말기에 대멸종이 일어나는 동안 사라지고 말았지만, 몇몇은 그 이후에도 살아남았어요. 그 살아남은 수각류가 바로 새랍니다.

이빨 수각류 공룡은 대체로 이빨이 날카롭고 뾰족하거나 톱니바퀴 모양이 많았어요. 그래서 고기를 잘게 잘라서 먹었어요.

스피노사우루스

스피노사우루스는 물에서 많은 시간을 보낸 것으로 밝혀진 유일한 공룡이에요. 노처럼 생긴 꼬리가 있어, 백악기 아프리카의 강에서 헤엄을 치며 물고기를 사냥했지요.

발톱 뾰족한 발톱으로 먹잇감을 움켜쥐었어요. 발톱이 세 개 또는 네 개 달린 수각류가 많았지요.

크리올로포사우루스

크리올로포사우루스는 남극에서 발견되었다고 알려졌어요. 머리 꼭대기에 볏이 달려 있었고 북슬북슬한 깃털로 덮여 있던 것으로 보여요. 많은 수각류 공룡들에게 깃털이 있었지요.

에오드로메이우스

약 2억 3100만 년 전, 트라이아스기 후기에 나타난 초기 공룡 중 하나예요. 남아메리카에서 살았는데 몸이 가벼운 육식 공룡이었지요.

테리지노사우루스

이 특이하게 생긴 테리지노사우루스는 초식 공룡이었어요. 구부러진 발톱으로 다른 공룡의 공격을 막았고, 부리로 잎사귀를 찾아서 먹었지요.

꼬리 기다란 꼬리 덕분에 뒷다리로 걷는 동안 균형을 잡을 수 있었어요.

다리 수각류 공룡들은 뒷다리로 걸었고 발에는 발가락이 네 개 달려 있었어요. 네 번째 발가락은 다른 발가락보다 더 작았고 발목에 있었답니다.

모르가누코돈

모르가누코돈. 트라이아스기에서 쥐라기까지, 아시아와 유럽.
모르가누코돈의 아래턱과 뾰족한 이빨 화석이에요.

종종걸음을 치며 포식자의 눈을 피해 살았던 모르가누코돈은 초기 포유류 중 하나였어요. 모르가누코돈은 2억 500만 년 전 트라이아스기의 숲에 처음 등장했지요. 작고 털이 북슬북슬한 이 생명체는 크기가 쥐만 했지만 눈이 커서 야행성이었다는 것을 알 수 있답니다. 낮에는 굶주린 공룡의 입에 낚아채이지 않으려고 굴속에 숨어 지냈을 거예요. 밤에는 날쌔게 움직이며 곤충을 잡았겠지요. 뾰족한 이빨이 있어 와작와작 씹어 먹기 좋았어요.

모르가누코돈은 여느 포유류와는 달리, 작고 가죽 같은 질감의 알을 낳은 것으로 보여요. 오늘날의 오리너구리와 바늘두더지처럼 말이지요. 하지만 포유류처럼 젖을 먹여 새끼를 키웠을 가능성이 높아요.

**모르가누코돈은 평생 이를 두 번 갈았어요.
어릴 때 생긴 젖니는 자라면서 영구치로 바뀌었답니다.**

**옥시노티세라스.
쥐라기, 유럽과 북아메리카.**
영국에서 발견된 이 옥시노티세라스는 반으로 잘려 껍데기 속이 보여요. 알록달록한 광물이 가득 채워졌지요.

어떤 암모나이트는 껍데기의 너비가 2미터에 이를 정도로 크게 자랐어요.

옥시노티세라스

옥시노티세라스와 같은 '암모나이트 ammonite'는 양의 뿔과 닮아서 붙은 이름이에요. 양 뿔이 고대 이집트 신인 '아몬 Amon'을 상징하거든요. 바다를 헤엄치며 살았던 옥시노티세라스는 문어와 오징어에 가깝지만, 단단한 껍데기 속에서 살았어요. 암모나이트는 자라면서 소용돌이 모양으로 껍데기 공간을 늘렸어요. 물렁물렁한 몸통은 가장 바깥쪽 공간에 살면서 팔을 뻗어 재빨리 먹잇감을 잡았지요.

암모나이트는 약 2억 년 전부터 6600만 년 전까지 살았어요. 지금까지 확인된 것만 해도 1만 종이 넘는답니다. 대부분 소용돌이 모양 껍데기가 있었지요. 그렇지만 트롬본처럼 뾰족하고 기다란 껍데기가 있는 암모나이트가 있었는가 하면, 실타래처럼 구불구불한 껍데기를 집으로 삼은 암모나이트도 있었어요!

크리올로포사우루스.
쥐라기, 남극.
다시 조립된 화석을 보면 크리올로포사우루스가
두 다리로 딛고 섰으며 긴 꼬리로 균형을
잡았다는 사실을 알 수 있어요.

크리올로포사우루스

크리올로포사우루스는 살아 있을 당시
지구에서 가장 커다란 육식 공룡이었어요.

남극 대륙에서 6.5미터나 되는 공룡을 만나면 무척이나 놀랄 테지요. 하지만 크리욜로포사우루스가 살았던 1억 9400만 년 전에는 기후가 지금과 매우 달랐답니다. 쥐라기 남극은 지금보다 훨씬 북쪽에 있었고 따뜻했어요. 그래서 육지에는 크고 작은 나무들이 숲을 이루었지요. 크리욜로포사우루스는 두 발로 성큼성큼 걸어 다니며 먹잇감을 찾아다니는 최상위 포식자였어요. 화석이 된 크리욜로포사우루스의 내장에서 초기 포유류의 이빨이 발견되었는데, 이를 통해 이 육식 동물이 주로 무엇을 먹었는지 알 수 있어요.

크리욜로포사우루스의 가장 두드러진 특징은 코에서부터 이마에 이르는 특이한 반달 모양 볏이에요. 아마도 짝을 찾을 때 쓰였던 것으로 보여요.

**마소스폰딜루스.
쥐라기, 아프리카.**
마소스폰딜루스의 알은 1976년 남아프리카에서 발견되었어요. 알 속에 들어 있던 작은 공룡이 보여요.

마소스폰딜루스

마소스폰딜루스는 아프리카에서 가장 먼저 발견된 공룡은 아니에요. 그럼에도 1854년 아프리카의 공룡 중에서 처음으로 이름이 지어졌어요. 마소스폰딜루스는 '등뼈가 더 길다'라는 뜻이에요. 말 그대로 등뼈가 매우 길었으며, 퍽 흔한 공룡이었고 화석도 많이 발견되었다고 알려져 있어요. 과학자들이 뼈를 조사해 보니, 마소스폰딜루스가 다 자라기까지 15년 넘게 걸렸다는 사실을 알게 되었지요. 어른이 되면 코부터 꼬리까지 6미터나 된답니다.

마소스폰딜루스는 오리 알 크기와 비슷한 타원 모양의 알을 낳았어요. 1970년대에 1억 9000만 년 된 마소스폰딜루스의 둥지 일부가 발견되었지요. 아마도 지금까지 발견한 공룡 알 중 가장 오래되었을 거예요. 놀랍게도 알 속에는 아직 부화하지 않은 새끼 공룡이 그대로 보존되어 있었답니다.

새끼 마소스폰딜루스는 네 발로 걸어 다녔지만 어른이 되면 보통 두 발로 걸었어요.

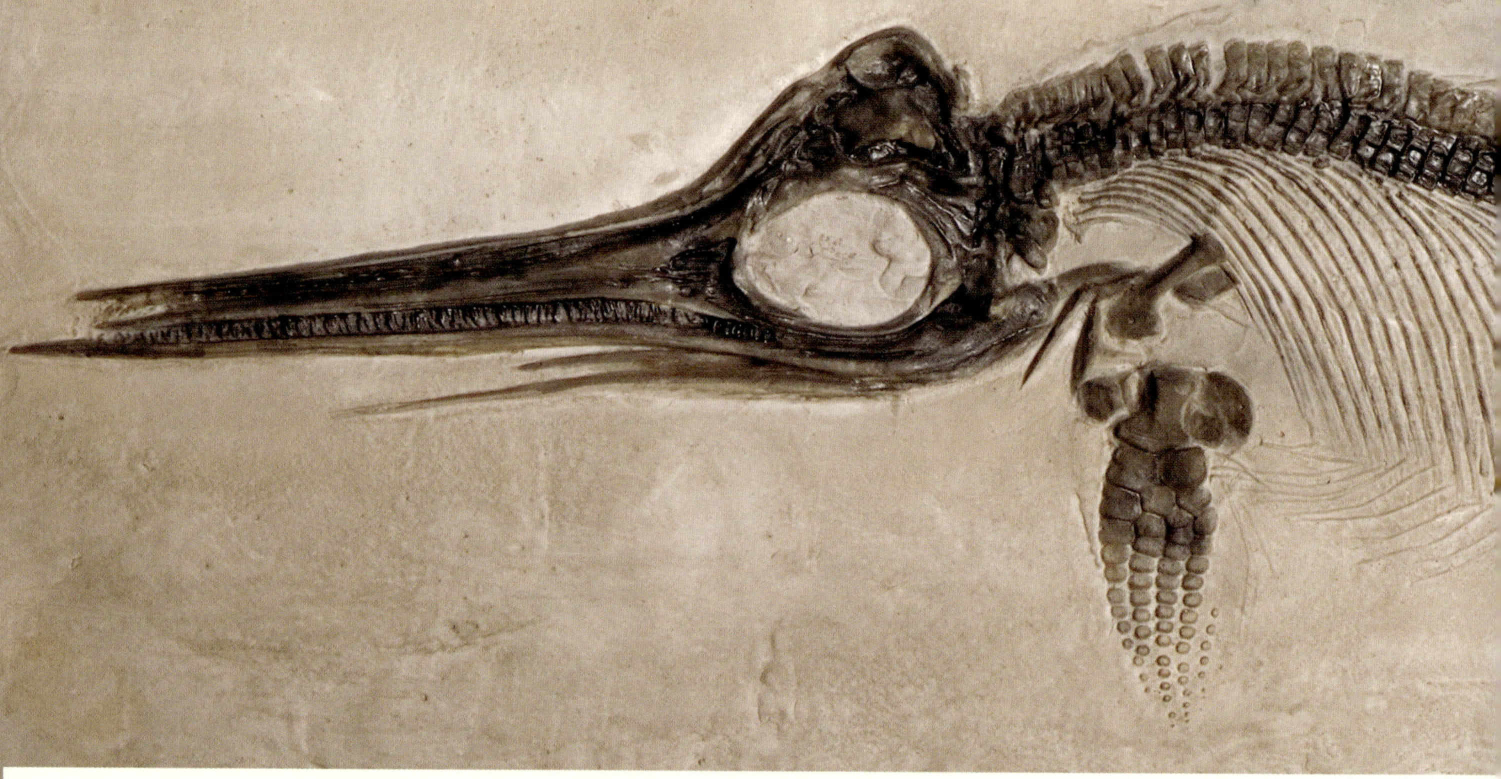

**스테노프테리기우스.
쥐라기, 유럽.**
독일에서 보존이 잘 된 채 발견된 스테노프테리기우스의 화석이에요. 화석이 된 뼈와 이빨 그리고 몸의 전체적인 모습이 잘 보이지요.

스테노프테리기우스

우리말의 '어룡'에 해당하는 이크티요소어 ichthyosaur는 고대 그리스어로 '물고기 도마뱀' 이라는 뜻이에요.

스테노프테리기우스는 어뢰처럼 생긴 몸통에, 강력한 꼬리와 폭이 좁은 지느러미가 있었어요. 덕분에 쥐라기의 바다를 잽싸게 휘젓고 다녔어요. 길고 뾰족한 주둥이에는 고깔 모양 이빨이 한 줄로 가지런히 돋아났지요. 이 이빨로 먹잇감을 휙 낚아챘어요. 스테노프테리기우스가 가장 좋아하는 먹이는 물고기와 오징어였어요.

스테노프테리기우스는 돌고래와 닮았지만, 어룡이라 불리는 해양 파충류에 속해요. 이들은 중생대 시기인 2억 5000만 년 전부터 9000만 년 전까지 살았고, 크기도 1미터에서 30미터까지 다양했지요. 일부 어룡의 화석은 배 속에 새끼가 있는 채로 발견되었어요. 덕분에 스테노프테리기우스가 새끼를 낳는다는 사실이 밝혀졌지요. 실제로 새끼를 낳는 도중에 화석이 된 스테노프테리기우스도 발견되었답니다.

레피도테스의 몸은 비늘로 덮여 있는데
그 위에 우리 치아와 성분이 같은
에나멜이 단단히 감싸고 있어요.

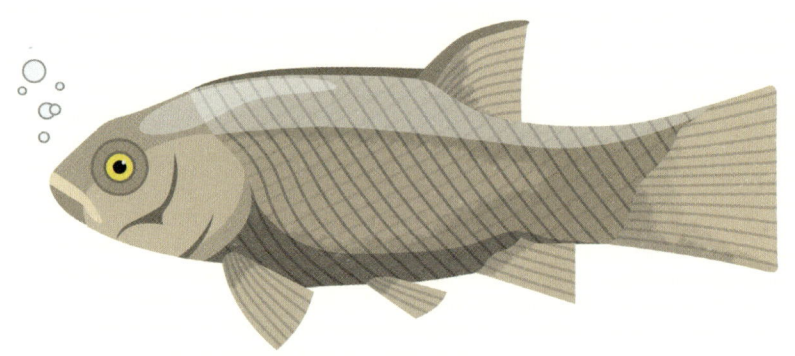

레피도테스

옆의 동글동글한 물체는 조약돌일까요? 보석일까요? 모두 아니에요. 레피도테스의 이빨 화석이랍니다. 육식 어류는 종류가 다양했는데, 레피도테스는 1억 8000만 년 전부터 9400만 년 전, 쥐라기부터 백악기까지 번성했어요. 레피도테스는 민물과 얕은 바다를 넘나들며 사냥했지요. 현대의 잉어처럼 입이 튜브처럼 생겨서 조개나 다른 무척추동물을 빨아들여서 먹었어요. 단단하고 둥근 이빨로는 딱딱한 조개껍질을 손쉽게 부수었지요.

레피도테스가 처음 발견되었을 때, 이빨 화석은 '두꺼비 돌'이라 알려졌어요. 사람들은 이 둥근 모양들이 두꺼비 배 속에서 자란다고 생각했어요. 그래서 독을 막아 주는 마법의 힘이 있다고 믿었지요.

레피도테스.
쥐라기에서 백악기까지, 전 세계.
레피도테스의 둥그런 이빨이
옹기종기 모여 있어요.

리오플레우로돈

리오플레우로돈은 플리오사우루스(어룡)라고 알려진 해양 파충류의 일종이며, 쥐라기에 번성했어요. 길이가 무려 7미터나 되었고 지느러미가 달린 초대형 악어처럼 생겼답니다. 리오플레우로돈은 바다의 최상위 포식자였어요. 무시무시하고 뾰족한 이빨이 입 밖으로 툭 튀어나왔고, 노처럼 생긴 납작한 다리로 물속에서 빠른 속도를 낼 수 있었지요. 가장 좋아하는 먹이는 자신보다 작은 파충류와 오징어, 물고기였어요. 이뿐만 아니라 원하는 것이라면 다 먹어 치웠을지도 모르지요! 리오플레우로돈은 여느 파충류들과 달리 알을 낳지 않았어요. 낑낑대며 뭍으로 올라와 알을 낳을 둥지를 짓기에는 너무 힘들었을 거예요. 그래서 알이 아닌 새끼를 낳았지요.

**리오플레우로돈.
쥐라기, 유럽.**
리오플레우로돈은 신기할 정도로 턱이 길었어요. 그리고 네 개의 지느러미로 잽싸게 헤엄쳤지요.

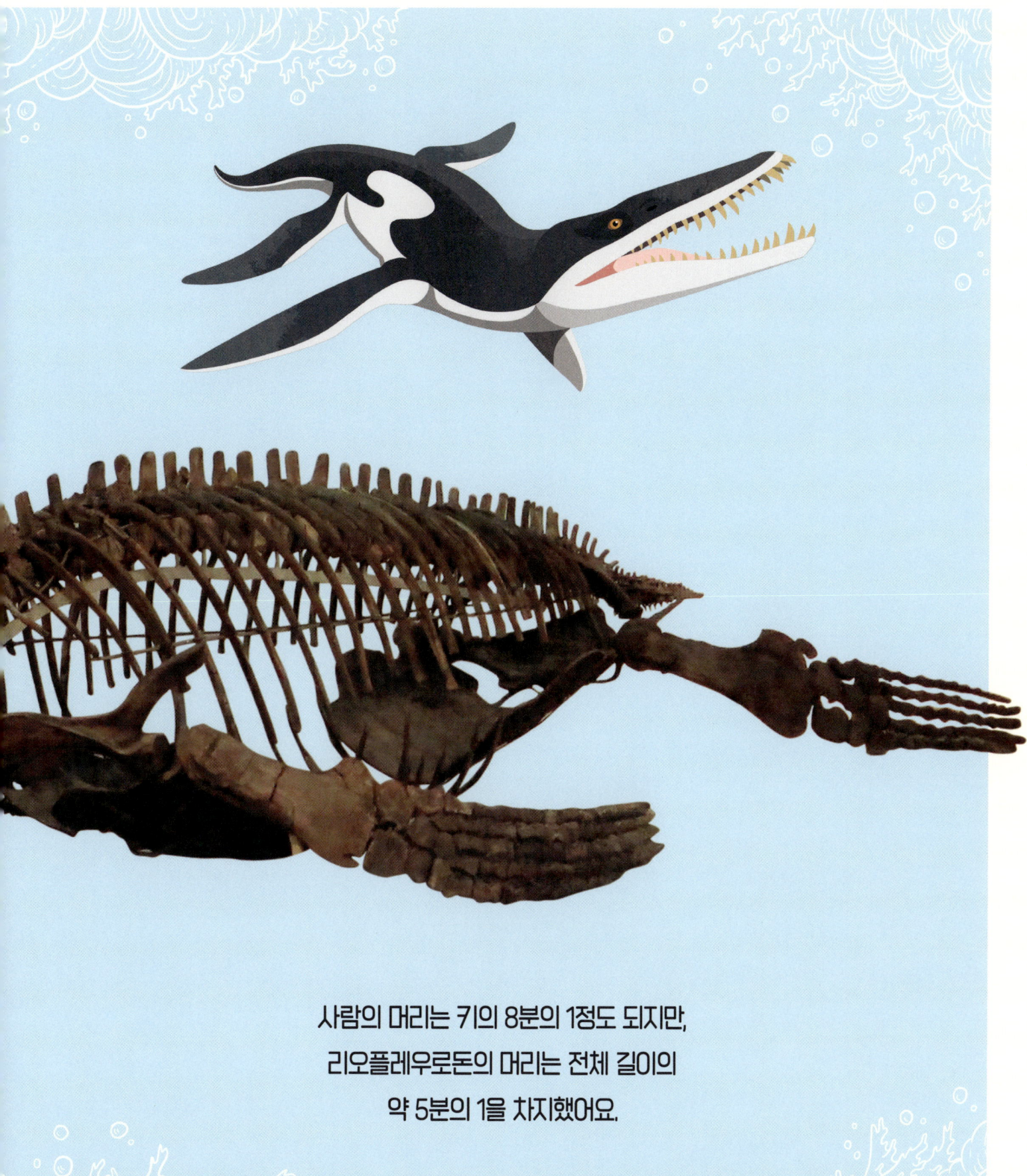

사람의 머리는 키의 8분의 1정도 되지만,
리오플레우로돈의 머리는 전체 길이의
약 5분의 1을 차지했어요.

아라우카리아 미라빌리스

약 1억 6000만 년 전, 아르헨티나에서 화산이 터지며 아라우카리아 미라빌리스 숲은 완전히 잿더미가 되어 버렸어요. 시간이 흐르고 흘러, 지금은 숲이 있던 자리에 화석이 된 나무와 원뿔 모양 열매가 여기저기 흩어져 있답니다.
아라우카리아 미라빌리스는 쥐라기에 흔했던 침엽수였고, 열매는 새로운 묘목이 될 씨앗을 품고 있었어요.

아라우카리아의 다른 종류는 지금도 여전히 살아 있지만, 중생대와 비교하면 전 세계에서 많이 남아 있지 않아요. 아주 오래전에 살았던 아라우카리아의 나뭇잎은 목이 긴 공룡들이 가장 좋아하던 먹이였어요. 목을 쭉 뻗으면 닿을 수 있는 곳에 나뭇잎이 있었거든요.

아라우카리아 미라빌리스는 100미터까지 자랄 수 있었어요. 30층짜리 건물보다 더 높았지요!

아라우카리아 미라빌리스. 쥐라기, 남아메리카. 화석이 된 아라우카리아의 열매를 반으로 자르고 다듬었어요. 가장 커다란 열매는 길이가 8센티 정도 된답니다.

이.
쥐라기, 아시아.
이는 2007년 즈음 중국에서
화석 단 한 점이 발굴되었어요.
이의 깃털과 이빨이 선명하게
보이지요.

이

이는 이름이 가장 짧은 공룡이라는

기록을 세웠어요.

이는 새와 박쥐의 특성이 모두 있는 특이한 공룡이었어요. 새처럼 온몸이 깃털로 뒤덮였고 부리가 있었지만, 한편으로는 박쥐처럼 기다란 손가락과 손목 사이에 접었다 펼 수 있는 비막이 있었지요. 이는 처음으로 발견된 박쥐 날개 공룡이었어요. 그러다 2019년에 발견된 암보프테릭스도 비슷한 박쥐 날개 공룡이라는 사실이 밝혀졌어요.

이는 까치와 크기가 비슷했어요. 나무에 사는 공룡답게 날개를 펴고 나뭇가지 사이를 부드럽게 미끄러져 내려오며 옮겨 다녔다고 보아요. 1억 5900만 년 전, 이는 숲에서 살며 턱 앞의 조그마한 이빨로 작은 동물들을 덥석 잡아먹었지요.

알로사우루스

알로사우루스는 언뜻 보면 티라노사우루스 같아 보여요. 하지만 티라노사우루스보다 1억 년 먼저 살았던 공룡이에요. 두 공룡 모두 북아메리카에서 살았지요. 알로사우루스는 티라노사우루스만큼 몸집이 크지는 않았지만, 앞다리는 더 컸어요. 각 발에 난 구부러진 발톱 3개가 무시무시한 모습을 뽐냈어요. 길고 삐죽삐죽한 이빨은 사냥할 때 최고의 무기였고요. 알로사우루스의 머리뼈를 조사해 보니 후각이 매우 뛰어난 것으로 보였어요. 그래서 킁킁 냄새만 맡으면 스테고사우루스와 같은 먹잇감의 위치를 금세 찾을 수 있었지요.

알로사우루스는 뼈 화석뿐만 아니라 발자국 화석도 발견되었어요. 발자국 화석은 발자취 화석으로도 불려요. 발자국 화석으로 공룡이 어떻게 움직였는지 많은 정보를 얻을 수 있답니다. 한 예로 알로사우루스는 1억 5600만 년 전에 두 발을 똑바로 딛고 서서 걸었어요.

알로사우루스의 화석은 새끼부터 청소년기, 어른까지 전 연령에 걸쳐 발견되었다고 해요.

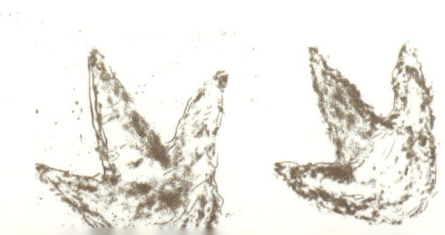

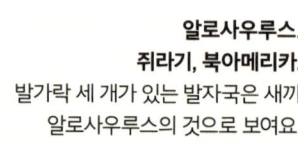

**알로사우루스.
쥐라기, 북아메리카.**
발가락 세 개가 있는 발자국은 새끼 알로사우루스의 것으로 보여요.

스테고사우루스

**스테고사우루스.
쥐라기, 유럽과 북아메리카.**
스테고사우루스의 화석에 골편이 목에서부터 꼬리까지 등을 따라 돋아난 모습이 보여요.

스테고사우루스의 몸은 방어에 알맞은 모습이었어요. 많게는 22개의 골편이 등에 돋아 있었으며, 꼬리 끝에 달린 4개의 뾰족한 돌기를 휘두르며 굶주린 포식자를 쫓아냈지요. 납작한 골편은 목을 보호하는 데 쓰이기도 했어요. 하지만 스테고사우루스의 등에 달린 골편은 그저 포식자를 내쫓는 데에만 쓰이지 않았어요. 아마도 색이 알록달록해서 짝을 찾을 때에도 썼을 거예요. 그리고 넓은 면적을 차지한 덕분에 열을 흡수하거나 방출시켜 체온을 유지하는 데에도 도움이 되었을 수 있어요. 스테고사우루스들은 무리를 지어서 살았을 가능성이 높아요. 떼로 이동하면 알로사우루스와 같은 육식 공룡이 다가오는 것을 막을 수 있었을 테니까요. 이렇게 스테고사우루스는 약 1억 5500만 년 전 쥐라기에 짧게 자라는 풀을 뜯어 먹으며 살았어요.

**스테고사우루스의 길이는 9미터였어요.
하지만 뇌의 크기는 겨우 자두만 했답니다.**

갑옷 공룡

갑옷 공룡은 영어로 '타이리오포란 Thyreophoran'이라고 해요. '방패를 나르는 자'라는 뜻이지요. 여기에 속한 공룡들을 보면 왜 이런 이름이 붙었는지 쉽게 알 수 있답니다. 기다란 꼬리에 가시가 돋친 공룡, 뾰족한 골편이 달려 있는 공룡, 피부가 두꺼운 공룡 모두 너 나 할 것 없이 갑옷 같은 두꺼운 가죽으로 무장했거든요. 갑옷 공룡에 속한 공룡은 대부분 초식이고 종종 육식 공룡에게 잡아먹혔어요. 갑옷 공룡은 스테고사우루스와 안킬로사우루스 같은 두 무리로 나눌 수 있습니다. 스테고사우루스는 등에 달린 커다란 골편과 뾰족한 가시가 돋친 꼬리를 보고 구분할 수 있어요. 안킬로사우루스는 몸이 좀 더 육중하며, 피부가 매우 두껍고 딱딱해서 육식 동물도 한 번에 물기 힘들 정도였어요. 어떤 안킬로사우루스는 꼬리에 곤봉처럼 생긴 것이 달려서 무기로 쓰기도 했답니다.

부리 갑옷 공룡은 풀을 뜯어 먹을 수 있도록 입에 뾰족한 부리가 있었어요.

골편 뾰족한 골편은 방어하는 데뿐만 아니라 다른 공룡들에게 뽐내는 용도로도 쓰였어요.

꼬리 침 이 뾰족한 가시들을 양 옆으로 마구 휘두르면 무시무시한 무기가 되었어요.

스테고사우루스

스테고사우루스는 대표적인 스테고사우루스과 공룡이었어요. 등을 따라 골편이 두 줄로 돋아 있었고, 꼬리 끝에는 기다란 가시가 있었지요. 목을 보호하는 막도 있었어요.

꼬리 곤봉 둥그런 곤봉 모양 꼬리로 공격해 오는 다른 공룡을 마구 내리쳤어요.

갑옷 같은 피부 안킬로사우루스과 공룡들의 피부는 두껍고 뼈처럼 딱딱해서 매우 튼튼했어요.

돌기 여기저기 박혀 있는 뾰족한 돌기 덕분에 포식자의 공격을 더욱 효과적으로 막을 수 있었어요.

유오플로케팔루스

유오플로케팔루스와 같은 안킬로사우루스과 공룡은 역대 가장 두꺼운 갑옷을 입은 공룡 중 하나였어요. 뼈처럼 단단한 피부와 가시 그리고 무거운 꼬리 곤봉으로 무장했지요. 커다란 육식 공룡조차 이 백악기 초식 공룡을 잡느라 애를 먹었어요.

폴라칸투스

모든 안킬로사우루스과 공룡에게 꼬리 곤봉이 있지는 않았어요. 폴라칸투스는 노도사우루스라고도 알려진 안킬로사우루스의 일종이었는데, 꼬리에 무기가 없는 대신 공격을 막을 수 있는 뾰족한 돌기가 많이 달려 있었답니다.

켄트로사우루스

켄트로사우루스는 스테고사우루스보다 뾰족한 돌기가 더 많았던 스테고사우루스과 공룡이었어요. 켄트로사우루스의 이름은 '가시 도마뱀'이라는 뜻인데, 말 그대로 등 위의 골편이 날카롭고 뾰족한 가시로 변했기 때문이지요. 다른 스테고사우루스처럼, 켄트로사우루스도 좁은 턱으로 잎사귀를 훑어 먹었어요.

길이가 26미터나 되었던 디플로도쿠스는
역사상 가장 커다란 공룡 중 하나였어요.
몸 길이가 대왕 고래와 맞먹었지요.

**디플로도쿠스.
쥐라기, 북아메리카.**
디플로도쿠스는 말뚝처럼 생긴 이빨이
가지런히 나 있었어요. 덕분에 나뭇가지에
달린 나뭇잎을 훑어 먹기에 알맞았지요.

디플로도쿠스

목과 꼬리가 긴 디플로도쿠스는 대표적인 초거대 공룡이었어요. 채찍처럼 생긴 꼬리에는 뼈가 80개나 있었지요. 아마 이 꼬리를 휘둘러 포식자를 몰아냈을 거예요. 꼬리는 무거운 머리의 균형을 잡는 데에도 도움이 되었을 거예요. 덕분에 그 거대한 머리가 땅에 떨어지지 않았지요. 디플로도쿠스가 얼마나 높이 고개를 들어 올릴 수 있었는지는 확실히 알 수 없어요. 하지만 아주 높은 나뭇가지에 달린 맛난 잎을 뜯어 먹기 위해, 꼬리를 받침대 삼아 뒷다리를 박차고 올랐을 거예요.

피부 흔적을 보면, 디플로도쿠스가 지구에 나타난 이후 1억 5000만 년 넘게 대대로 생존했던 것으로 보여요. 뼈 화석을 보면 목과 등, 꼬리에는 연필 정도 길이의 등뼈가 있었다는 사실을 알 수 있습니다.

프테로닥틸루스는 지금까지 발견된 최초의 날아다니는 파충류였어요. 독일에서 화석이 발견되었답니다.

프테로닥틸루스

프테로닥틸루스는 익룡의 일종으로, 공룡으로 착각하기 쉽지만 사실 날아다니는 파충류에 속했어요. 온몸이 비늘로 뒤덮였고 날개가 달린 동물이었지요.
1억 5500만 년 전, 길이가 1미터쯤 되고 박쥐와 비슷한 날개를 활짝 편 채 하늘을 휘젓고 다녔어요. 기다란 네 번째 발가락 끝부터 다리를 쭉 뻗고 날았지요.

프테로닥틸루스는 날개를 접어서 걸어 다닐 수도 있었어요. 땅에서도 사나운 포식자였다는 뜻이지요. 입에는 뾰족한 이빨이 90개나 있어서 무척추동물이나 작은 동물을 덥석 잡아먹었어요. 다른 익룡처럼 프테로닥틸루스도 머리 위에 초승달 모양 볏이 있었던 것으로 보아, 짝을 찾는 데 썼다고 짐작할 수 있어요.

프테로닥틸루스. 쥐라기, 유럽.
프테로닥틸루스는 '날개 달린 손가락'
이라는 뜻이에요. 화석에 유난히 긴
네 번째 발가락이 보여요. 발가락으로
날개의 가죽을 지탱했을 거예요.

켄트로사우루스.
쥐라기, 아프리카.
켄트로사우루스의 등뼈 모양을 보고 그 속에 두 번째 뇌가 들어 있다고 잘못 생각했대요.

켄트로사우루스

켄트로사우루스의 화석을 보면 수컷과 암컷의 생김새가 조금 다르다는 것을 알 수 있어요. 다리뼈의 모양이 다른데, 과학자들은 어느 쪽이 수컷이고, 어느 쪽이 암컷의 뼈인지 아직 모른다고 해요.

켄트로사우루스는 북아메리카에 살던 친척 스테고사우루스처럼, 등을 따라 딱딱한 골편이 두 줄로 자리 잡고 있었어요. 하지만 넓적하고 납작한 골편이 아니라 뾰족한 모양이었지요. 특히 엉덩이와 꼬리에 있던 골편이 날카로웠답니다. 어깨와 꼬리에 달린 침이 유난히 길어서 포식자를 멀리 내쫓기에 좋았을 거예요. 켄트로사우루스의 화석은 모두 탄자니아의 1억 5200만 년쯤 된 암석에서 발견되었어요. 이로써 켄트로사우루스가 스테고사우루스와 비슷한 시기에 살았다는 사실을 알 수 있지요. 다만 크기는 스테고사우루스와 비교하면 절반 정도에 지나지 않았답니다.

스테고사우루스와 켄트로사우루스 등 스테고사우루스과 공룡들은 등뼈 화석의 빈 공간이 뇌가 있던 공간보다 더 크답니다. 이를 보고 스테고사우루스는 뇌가 두 개라는 오해를 낳았다는군요!

시조새.
쥐라기, 유럽.
화석에 깃털 흔적이 보여요. 이 화석을 베를린종이라고도 불러요. 1870년 즈음 베를린에서 발견되었기 때문이지요.

시조새의 깃털은 어둡고 밝은색이 섞여 있었다고 알려져 있어요.

시조새
(아르카이오프테릭스)

시조새는 깃털이 있는 상태로 발견된 최초의 공룡이에요. 시조새의 화석이 특별한 이유는 수각류 공룡과 깃털 달린 새가 섞인 모습이었기 때문이지요. 예를 들어 시조새에게는 길고 딱딱한 꼬리와 이빨이 있을 뿐만 아니라 깃털과 날개도 달려 있었어요. 이렇게 뒤죽박죽인 시조새의 모습 덕분에 새와 공룡은 밀접한 관계가 있다는 사실을 처음으로 알게 되었지요. 그래서 오늘날에는 새가 공룡이라는 학설이 받아들여지고 있어요. 새는 현재 살아 있는 공룡이라는 말이지요!

시조새는 까마귀와 크기가 비슷했지만, 짧은 거리를 날거나 내려올 때만 날개를 퍼덕였을 거예요. 1억 5000만 년 전, 작은 파충류와 곤충을 잡아먹으며 대부분의 시간을 보냈답니다.

사르코수쿠스

사르코수쿠스.
백악기, 아프리카와 남아메리카.
사르코수쿠스는 주둥이 위에 커다랗고 뼈처럼 단단한 혹이 있었어요. 하지만 이것이 무엇이었는지는 아직 밝혀지지 않았어요.

사르코수쿠스의 이빨은 끊임없이 새로 났어요. 그래서 입속의 이빨 크기는 제각각이었지요.

사르코수쿠스의 크기와 무게는 차 두 대를 합친 것과 맞먹었어요. 악어를 닮은 공룡 중에서는 역사상 가장 컸지요. 머리뼈 하나의 길이만 해도 성인의 키와 비슷했고, 입은 100개가 넘는 이빨로 채워져 있었어요. 사르코수쿠스의 넓은 주둥이를 보면 공룡 같은 커다란 동물을 잡아먹었다는 것을 알 수 있어요! 기습 공격을 하는 포식자로, 물속에서 조용히 기다리고 있다가 동물이 별다른 의심 없이 다가와 물을 마시고 있을 때 무시무시한 턱을 쩍 벌려서 저녁거리를 단숨에 물어 버렸어요.

사르코수쿠스는 1억 3000년도 더 전에 지구에 나타났고 민물에 주로 살았어요. 현대의 악어처럼 사르코수쿠스도 등에 딱딱한 돌기가 돋아 있어서 다른 동물의 공격을 막았답니다.

폴라칸투스는 적어도
네 종류가 넘는 갑옷 같은
피부로 덮여 있었어요.

폴라칸투스

포식자들은 폴라칸투스를 공격하기 전에 망설이고는 했어요. 1억 3000만 년 전에
지구를 누볐던 이 공룡은 온몸을 무장한 모습이었거든요. 이름 자체도
'가시가 많은'이라는 뜻이에요. 실제로 몸이 가시와 딱딱한 돌기로 뒤덮여 있었지요.
목과 그 옆에 나란히 돋친 가시는 길고 뾰족해서, 베어 물 기회를 호시탐탐 노리는
배고픈 육식 공룡들을 멀리 내쫓아 버릴 수 있었어요. 여느 안킬로사우루스과
공룡들처럼 가시가 많았던 폴라칸투스는 엉덩이 위로, 등을 따라 커다랗고 단단한
골편이 방패처럼 우뚝 솟아 있었어요. 골편에는 딱딱한 돌기가 있어 포식자들은
피부를 뚫는 데 애를 먹었지요. 이렇게 무장했다 보니, 이 공룡의 무게는
약 2톤이나 나갔다고 해요. 하마보다도 더 무거웠답니다!

폴라칸투스, 백악기, 유럽. 화석이 된 폴라칸투스의 피부예요. 몸을 보호해 주었던 딱딱한 돌기가 보여요.

이구아노돈

**1825년, 이구아노돈은 이름이 생긴 두 번째 공룡이 되었어요.
최초로 이름이 있던 공룡은 메갈로사우루스였답니다.**

이구아노돈이 처음 발견되었을 때, 과학자들은 골격과 함께 발견된 딱딱한 돌기를 어느 위치에 두어야 하는지 확실히 알지 못했어요. 처음에는 코에 돋은 뿔이라 생각했지만 더 완전한 형태의 골격이 발견되자, 엄지발톱이라는 사실을 알게 되었지요. 처음 발견한 이구아노돈의 화석은 이빨이었는데, 모양이 이구아나의 것과 닮았다고 해요. 이구아노돈이라는 이름도 '이구아나 이빨'이라는 뜻이랍니다.

이구아노돈은 1억 2500년도 전에 살았고 네 발로 터벅터벅 걸어 다녔어요. 하지만 두 발로 걷고 뛸 줄도 알았지요. 앞발로는 나뭇가지를 잡아 부리 가까이 끌어당겼을 거예요. 앞발의 모양이 식물을 자르기에 알맞았거든요. 뾰족한 엄지발톱으로는 열매를 쪼개거나 포식 동물의 공격을 막았을 거예요.

**이구아노돈.
백악기, 유럽.**
이구아노돈의 앞발 뼈 화석을 보면 오른쪽으로 뾰족한 발톱이 나와 있어요.

조각류 공룡

어떤 공룡이 조각류에 속하는지 알아볼 수 있는 가장 좋은 방법은 식물을 뜯어 먹을 부리가 있는지 확인하는 거예요. 이러한 공룡들은 스테고사우루스와 주식두아목(마르기노케팔리아)처럼 두꺼운 가죽이나 무기는 없었어요. 조각류 공룡은 여러 종류가 있지만, 모두 초식 공룡이었으며 대부분 두 발로 걸었어요. 물론 네 발로 걷는 조각류도 있었지요. 조각류 공룡 중 하나는 하드로사우루스로 '오리 주둥이 공룡'으로도 불렸어요. 이들 공룡 대부분에게는 머리에 초승달 모양 볏이 달려 있었지요. 하드로사우루스는 볏으로 큰 소리를 내거나, 밝고 알록달록한 색으로 짝을 유혹했을 거예요.

꼬리 조각류 공룡은 탄탄한 꼬리를 지지대 삼아서 위로 훌쩍 뛰어올라 나뭇잎을 뜯어 먹었어요.

이구아노돈

이구아노돈은 백악기 유럽에서 살았어요. 많은 조각류 공룡이 그랬듯이, 이구아노돈은 두 발 또는 네 발로 걸어 다녔고, 팔로 나뭇가지를 잡아 입으로 가져다 댔지요.

파라사우롤로푸스

파라사우롤로푸스는 하드로사우루스과 공룡이었어요. 머리 위에 긴 초승달 모양 볏이 달려 있었지요. 볏으로 큰 소리를 내어 다른 파라사우롤로푸스와 소통하고는 했어요.

에드몬토사우루스

에드몬토사우루스는 백악기 북아메리카에서 오리처럼 넓적한 부리로 식물을 뜯어 먹고 살았지요. 길이는 12미터 정도여서, 땅에서 똑바로 서면 나뭇가지에 달린 잎까지 바로 입이 닿을 수 있었어요.

부리 단단한 부리로 수풀이나 나뭇잎을 잘라서 먹었어요.

이빨 조각류 공룡은 이빨이 다 닳으면 새 이빨이 끊임없이 났어요.

다리 조각류 공룡은 뒷다리보다 앞다리가 짧은 경우가 많았어요.

마이아사우라

마이아사우라의 화석을 보면, 여느 조각류 공룡들이 그러했듯이 무리 지어 살았다는 사실을 알 수 있어요. 어떤 마이아사우라는 수많은 무리가 모여 둥지를 만들기도 했어요. 아마 더 큰 포식 동물의 공격을 막기 위해서였겠지요.

**프시타코사우루스.
백악기, 아시아.**
중국에서 발견된 화석에
약 1억 2000만 년 전,
프시타코사우루스의 골격이
완벽하게 남아 있어요.

프시타코사우루스

프시타코사우루스란 '앵무새 도마뱀'이라는 뜻이에요. 이 공룡의 부리를 잘 보면 왜 이런 이름이 지어졌는지 알 수 있지요. 구부러진 독특한 부리로 가위를 다루듯 나뭇잎을 싹둑 잘랐어요. 그리고 끄트머리가 뾰족한 이빨로 나뭇잎을 잘게 씹어 먹었지요. 프시타코사우루스의 배 속에서 발견된 돌은 아마도 위석이었을 거예요. 위석은 소화가 완전히 되지 않은 질긴 식물을 으깨고 소화가 되도록 도와주는 역할을 했답니다.

프시타코사우루스의 몸은 비늘로 덮여 있었지만, 꼬리에는 특이하게 생긴 주름이 한 다발 있었어요. 아마도 짝에게 뽐내는 용도로 쓰였을 거예요. 프시타코사우루스의 피부를 연구한 과학자들은 위쪽은 색깔이 어두웠지만 아래는 좀 더 밝았다는 사실을 밝혀냈어요. 숲속을 보금자리 삼았던 공룡들이 스스로를 보호하기 위해 눈에 띄지 않은 색을 띤 것으로 보여요.

프시타코사우루스는 볼에 작은 뿔 두 개만 있고 주름 장식이 없었지만, 각룡(뿔 공룡)에 속하며 트리케라톱스와 같은 공룡과 밀접한 관련이 있었어요.

공자새

공자새는 언뜻 보면 여느 새와 다르지 않다고 여기기 쉬워요. 하지만 1억 2500만 년 전에 지구를 누비고 다녔던 이 동물은 공룡의 조상에게 보인 특징이 있었답니다. 깃털로 뒤덮여 있었고 커다란 날개가 달렸지만, 구부러진 발톱이 있어서 나뭇가지 사이를 오르기도 했어요. 골격의 모양을 보면 날 수 있었던 것 같지만, 얼마나 멀리까지 날았는지는 확실히 알 수 없어요.

어떤 공자새의 화석에는 꼬리 깃털도 함께 나왔어요. 이 화석은 수컷의 것으로 추측한답니다. 기다란 꼬리 깃털이 없는 화석 중에는 알을 낳기 전 암컷에게만 보이는 특별한 종류의 뼈가 있었어요. 이를 통해 공자새 수컷과 암컷은 오늘날의 새들처럼 생김새가 서로 달랐다고 볼 수 있어요.

공자새는 이빨이 없는 부리가 발견된 최초의 새였어요.

**공자새.
백악기, 아시아.**
여기 화석에 공자새 깃털의 윤곽이 보여요. 기다란 꼬리 깃털이 없는 것으로 보아 암컷이라고 짐작할 수 있어요.

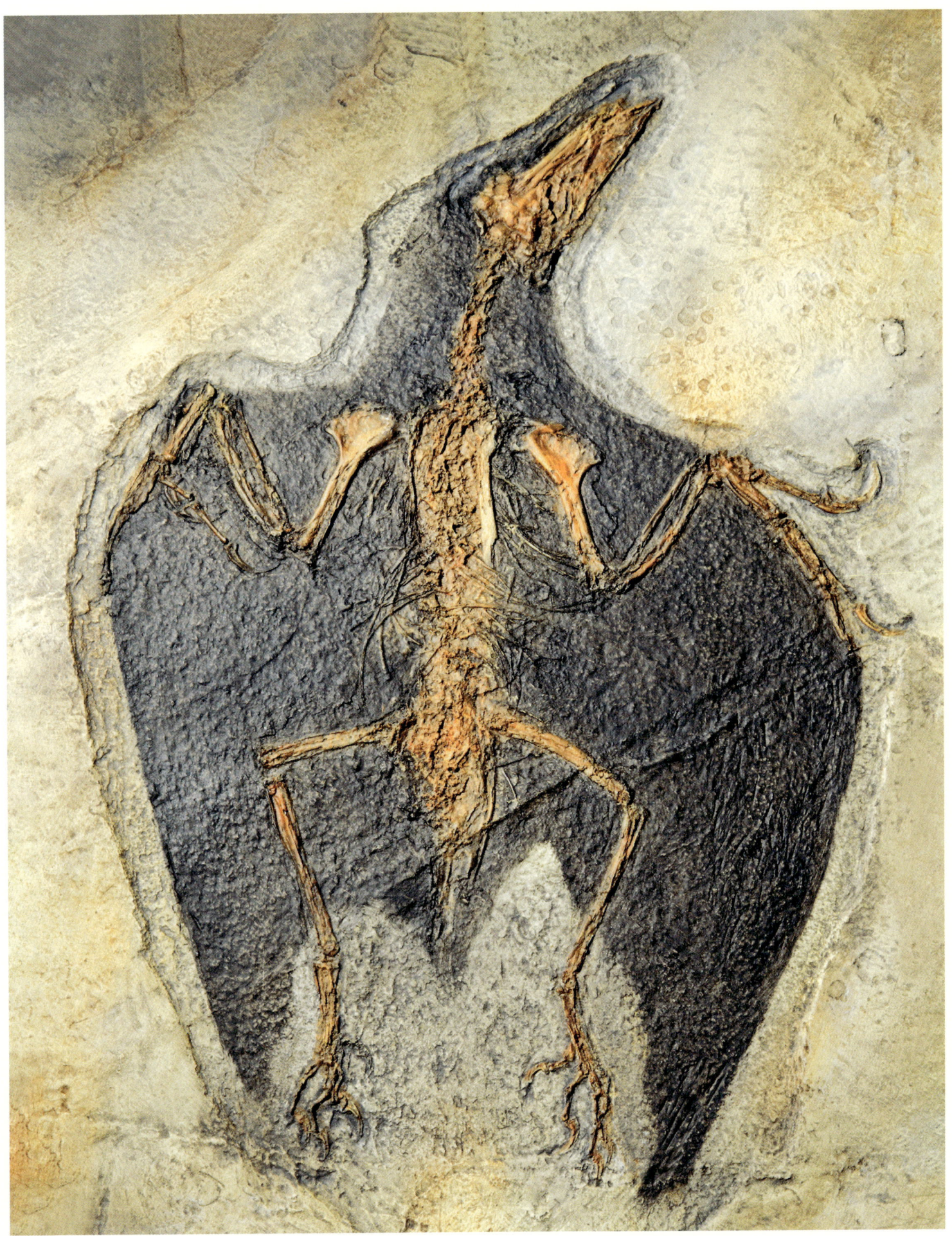

시노사우롭테릭스

몇몇 시노사우롭테릭스의 화석은 암컷이라고 한 번에 알 수 있었어요. 배 속에 아직 낳지 않은 알이 있었거든요!

여러분이 시노사우롭테릭스를 본다면, 주황색과 흰색의 무언가가 덤불 사이를 휙 지나가는 모습만 스쳤을 거예요. 체구가 작았던 육식 공룡 시노사우롭테릭스는 1억 2000만 년 전 백악기 아시아의 숲에서 살며, 도마뱀과 같은 작은 동물을 사냥하고는 했어요. 시노사우롭테릭스의 화석은 아주 예쁘게 보존되어 있는데, 지금도 몸을 뒤덮은 복슬복슬한 깃털이 고스란히 보일 정도랍니다. 사실 시노사우롭테릭스는 날개가 없는 공룡 중에 깃털이 있는 상태로 발견된 최초의 공룡이었어요. 깃털 속에 들어 있던 특별한 색소 덕분에 과학자들은 시노사우롭테릭스가 어떤 빛깔을 띠고 있었는지 알 수 있었지요. 시노사우롭테릭스의 몸 맨 위는 붉은 빛이 도는 주황색이었어요. 그런데 배는 그보다 밝았고, 꼬리에는 줄무늬가 있었지요.

시노사우롭테릭스.
백악기, 아시아.
중국에서 발견된 시노사우롭테릭스의 화석에는 등과 꼬리를 따라 보송보송한 깃털이 보여요.

무타부라사우루스와 같은 조각류 공룡들은 위가 크고
장이 길어서 질긴 식물을 소화하기에 적합했어요.

무타부라사우루스

무타부라사우루스는 1963년에 오스트레일리아의 북동쪽 무타부라라는 지역에서 처음 발견되었어요. 이구아노돈 같은 조각류 공룡이며, 1억 1000만 년 전에 고사리와 침엽수 같은 식물을 우적우적 씹어 먹으며 살았지요.

무타부라사우루스의 남다른 특징을 들자면 주둥이에 툭 튀어나온 딱딱한 혹이에요. 여기에 공기를 불어 넣어 크게 부풀릴 수 있는 주머니가 있었던 것으로 보여요. 하지만 왜 굳이 풍선같이 부푼 기관이 있어야 했을까요? 오늘날 지구에 생존해 있는 수컷 코주머니물범이 그 해답의 실마리가 될 수 있어요. 코주머니물범에도 비슷한 기관이 있는데, 소리를 내어 뽐내는 데 쏜답니다. 아마 무타부라사우루스도 같은 방법으로 주둥이를 이용했을 거예요.

**무타부라사우루스.
백악기, 오세아니아.**
무타부라사우루스는 두 발 또는
네 발로 걸어 다닐 수 있었어요.

벨렘나이트는 현대의 오징어처럼 먹물을 내뿜을 수 있었어요.
그리고 화석이 된 먹물은 지금도 물감 재료로 쓰일 수 있답니다!

네오히볼라이트

총알 모양의 벨렘나이트 화석은 흔히 볼 수 있지만, 모두가 여기에 있는 네오히볼라이트만큼 아름답지는 않아요. 벨렘나이트는 물컹물컹하고 오징어처럼 생긴 동물이었는데, 내부 골격이 특이하게도 고깔 모양이었어요. 보호대라고도 불리는 골격은 물컹물컹한 생명체가 남기는 유일한 흔적일 때가 많아요. 화석이 되는 과정에서 이산화규소라는 광물이 딱딱한 골격 대신 들어가 반짝반짝 빛나는 청록색 오팔이 되기도 하지만, 대부분은 칙칙한 회색에 돌처럼 거칠거칠하답니다. 어떤 사람들은 화석을 보고 천둥번개를 맞아서 땅으로 떨어진 것이라고 믿었어요. 덕분에 '천둥 돌멩이'라는 별명이 붙었지요. 벨렘나이트는 바닷물이 지금보다 훨씬 따뜻했던 쥐라기에 번성했어요. 바닷속을 이리저리 휘저으며 작은 물고기를 잡아먹고 살았답니다.

네오히볼라이트.
백악기, 전 세계.
알록달록한 오팔 벨렘나이트는 오스트레일리아에서 발견되었어요. 뾰족한 골격이 잘 보이지요.

파타고티탄

파타고티탄.
백악기, 남아메리카.
파타고티탄의 허벅지 뼈는
최대 2.4미터인 것도
있었답니다!

파타고티탄은 역사상 가장 커다란 공룡 중 하나였어요.

파타고티탄은 어마어마한 크기를 자랑하는 목이 긴 공룡이었어요. 티라노사우루스보다도 두 배 반 정도 더 길었으며, '거대한 도마뱀'이라는 뜻의 티타노사우루스 무리에 속했지요. 최근에 몇몇 거대 공룡의 화석이 발견되었어요. 그렇지만 겨우 몇 조각만 발견되었기 때문에 어떤 공룡이 가장 큰지 확실히 알 수는 없어요. 파타고티탄은 목이 길어서 높은 침엽수 꼭대기에 있는 나뭇잎을 훑어 먹을 수 있었을 거예요. 몸무게가 70톤이나 나갔기 때문에 정말 많이 먹어야 했지요! 이렇게 엄청난 몸집에도 알의 크기는 타조 알 정도밖에 되지 않았어요. 그래서 새끼 공룡들은 어른만큼 크기 위해 부지런히 먹고 자라야 했지요.

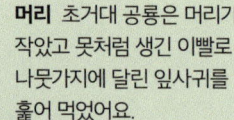

머리 초거대 공룡은 머리가 작았고 못처럼 생긴 이빨로 나뭇가지에 달린 잎사귀를 훑어 먹었어요.

디플로도쿠스

초거대 공룡 중에서도 유명한 디플로도쿠스는 목과 꼬리가 길었어요. 다리 네 개를 모두 땅에 딛고 걸어 다녔는데, 디플로도쿠스의 다리는 몸무게를 지탱할 정도로 엄청나게 튼튼했답니다.

기다란 목 목이 길었던 덕분에 다른 초식 동물들에게 닿지 않는 높은 나무의 잎을 먹을 수 있었어요.

발톱 디플로도쿠스는 네 발 모두 발톱이 있었어요. 뒷다리에만 발톱이 있었던 다른 티타노사우루스와는 달랐지요.

용각류 공룡

기다란 목과 꼬리를 자랑하는 용각류 공룡은 쉽게 알아볼 수 있는 공룡 중 하나일 거예요. 이 거대한 초식 공룡은 역사상 가장 크기가 컸던 공룡에 속하거든요. 초기 용각류들은 크기가 아주 크지도 않았고, 두 발로 딛고 걸어 다닐 수 있었어요. 하지만 중생대를 거치며 점점 더 커지게 됩니다. 백악기에 이르자 티타노사우루스라 불리던 초거대 공룡이 나타났는데, 아르헨티노사우루스의 경우 몸무게가 100톤이나 나갈 정도로 어마어마했어요. 이들 공룡은 전 세계에 걸쳐 살았지만, 백악기가 끝날 무렵 다른 거대 공룡들과 함께 자취를 감추고 말았습니다.

아르헨티노사우루스

아르헨티노사우루스는 아마 역사상 가장 큰 공룡이었을 거예요. 과학자들은 공룡의 크기가 35미터에 이르렀을 것으로 추측한답니다! 아르헨티노사우루스는 백악기 남아메리카에서 살았어요.

기다란 꼬리 꼬리를 채찍처럼 휘둘러 포식자를 내쫓았어요.

마소스폰딜루스

초기 용각류 공룡 마소스폰딜루스는 쥐라기 아프리카에서 살았으며, 6미터까지만 자랐어요. 여기에 속한 다른 거대 공룡만큼 크지는 않았지만, 마소스폰딜루스도 기다란 목과 꼬리가 있었답니다.

기라파티탄

기라파티탄은 다른 초거대 공룡과는 다르게 목을 위로 쭉 뻗을 수 있었어요. 덕분에 높이 달려 있던 나뭇잎도 뜯어 먹을 수 있었지요. 기라파티탄은 쥐라기 아프리카에서 살았으며 최대 12미터까지 자랐어요.

목련

목련과에 속한 식물들은 지구에서 처음으로 꽃을 피운 식물 중 하나였어요. 목련은 오늘날에도 많이 볼 수 있지만, 아주 초기의 목련과 식물은 약 1억 년 전, 날개 없는 공룡이 멸종하기 전부터 살았답니다! 초기 목련은 '테팔'이라 불리는 커다란 꽃잎이 커다란 그릇 모양이 되어 꽃을 피웠어요. 꽃 가운데에는 꽃가루를 만드는 수술이 모여 있어 딱정벌레를 끌어들였지요. 목련 꽃은 배고픈 딱정벌레에게 뜯기지 않을 만큼 튼튼해야 했어요. 그래도 딱정벌레는 꽃의 수정을 돕는 중요한 역할을 했어요. 식물이 씨앗을 만들 수 있도록 말이지요.

말랑말랑한 꽃은 화석이 되지 못했어요. 대신 끝자락이 매끈한 목련 잎은 화석이 되어 발견될 때가 있어요. 목련 잎의 화석은 현대의 목련과 놀라울 정도로 비슷한 점이 많답니다.

약 2억 년 된 목련 잎의 화석에서 DNA를 뽑아내는 데 성공했어요!

목련. 백악기에서 현재까지, 전 세계.
백악기의 목련 잎 화석에서 줄기와 뾰족한 끄트머리가 선명하게 보여요.

스피노사우루스

스피노사우루스는 육지와 물속에서 사냥을 했어요.

**스피노사우루스.
백악기, 아프리카.**
매끈한 원뿔 모양의 스피노사우루스 이빨은 먹잇감을 자르는 것보다 찌르는 데 알맞았어요.

여러분이 백악기에 있다면 물속을 헤엄칠 때 조심해야 할 거예요. 스피노사우루스는 대략 1억 년 전 아프리카에 살던 무시무시한 포식 동물이었는데, 물속에서도 사냥을 할 줄 알았거든요. 스피노사우루스는 역대 가장 커다란 육식 공룡이었지요. 심지어 티라노사우루스보다도 더 컸답니다. 그리고 튼튼한 팔에, 배를 젓는 노처럼 납작한 꼬리가 있어서 강에서도 속도를 낼 수 있었어요. 기다란 주둥이는 뾰족한 이빨로 들어차 있었고 구부러진 발톱으로는 한번 잡은 먹잇감을 놓치는 법이 없었답니다. 가장 즐겨 잡던 먹잇감은 커다란 물고기였어요.

스피노사우루스는 등뼈를 따라 솟아 있는 커다란 돛 덕분에 원래보다 크게 보였어요. 이 돛으로 체온을 조절했을 거예요. 그리고 알록달록한 색깔로 다른 스피노사우루스에게 뽐내는 데에도 돛을 사용했을 거예요.

**헤스페로르니스.
백악기, 북아메리카.**
늘씬한 골격으로 보아
헤스페로르니스는 잠수 실력이 매우
뛰어났다고 추측할 수 있어요.

헤스페로르니스

헤스페로르니스는 약 8400만 년 전에 살았던 거대 바닷새였어요. 날개가 작아서 날 수는 없었지만, 대부분의 시간을 수면 위에 두둥실 떠다니며 보냈지요. 강력한 뒷다리와 물갈퀴가 달린 발을 힘차게 박차고 물속으로 들어가서는, 이빨이 가지런히 박힌 부리로 물고기를 낚아챘어요. 모든 새들이 그랬듯이 헤스페로르니스도 육지에 둥지를 틀었어요. 하지만 물에서 우아하게 움직일 때와 달리, 걷는 데에는 서툴렀던 까닭에 바닷가에서 멀리 벗어나지는 못했어요.

헤스페로르니스의 뼈를 연구해 보니, 성장 속도가 매우 빨라서 태어난 지 겨우 1년도 안 되서 어른이 된다는 사실이 밝혀졌어요! 화석에 물린 자국이 있는 것으로 보아 해양 파충류의 공격을 받았다고 추측하고 있답니다.

헤스페로르니스의 화석은 오늘날 잠수하는 새인 논병아리의 골격과 매우 비슷해요.

엘라스모사우루스

엘라스모사우루스의 목은
몸길이의 절반이 넘을 정도로
길었답니다!

**엘라스모사우루스.
백악기, 북아메리카.**
엘라스모사우루스는 이빨이 바늘처럼 뾰족했어요. 그래서 물고기를 낚아채는 데 안성맞춤이었지요.

놀라울 정도로 기다란 목과 작은 머리가 특징이었던 엘라스모사우루스는 비슷하게 생긴 현대의 동물이 하나도 없어요. 목에는 뼈가 70개나 있었지만 꼬리에는 18개밖에 없었지요. 게다가 처음에 뼈를 조립했을 때 실수로 꼬리에 머리를 놓았다고 해요! 과학자들은 엘라스모사우루스가 저 거대한 머리를 어떻게 움직였는지 확실히 알지는 못해요. 아마도 바다 밑바닥에서 먹잇감을 들어 올리거나 물고기 떼에 휙 달려들 때 머리를 이용했을 거예요.

엘라스모사우루스는 약 8000만 년 전에 살았고 납작한 지느러미로 헤엄쳤어요. 해양 파충류인 다른 플레시오사우루스과 공룡들처럼, 엘라스모사우루스도 알이 아닌 새끼를 낳았어요. 알을 낳으려면 힘들게 육지까지 기어 올라가야 했을 테니까요.

마이아사우라

'마이아사우라'라는 이름은 '좋은 어미 도마뱀'이라는 뜻이에요.
새끼들을 잘 돌보았기 때문이지요.

마이아사우라의 화석은 1,000여 구가 넘을 뿐더러 모든 연령에 걸쳐서 발견되었어요. 그래서 마이아사우라가 어떻게 자라고 가족을 이루었는지 잘 알 수 있지요. 마이아사우라는 7700만 년 전, 수많은 포식자들이 지켜보는 가운데 큰 무리를 이루며 살았어요. 마이아사우라 어미들은 진흙으로 화산 모양의 둥지를 정성껏 만들어 그 안에 알을 30~40개 낳았지요. 둥지는 약 7미터 정도씩 떨어져 있었기 때문에, 길이가 9미터인 공룡들은 그 사이를 걸어갈 때마다 헷갈렸을 게 분명해요! 갓 부화한 마이아사우라 새끼들은 너무나 연약했기 때문에 부모들이 가져다주는 식물에 의지할 수밖에 없었어요. 하지만 성장도 빨라서, 1년 만에 양과 비슷한 크기로 자랐답니다.

**마이아사우라.
백악기, 북아메리카.**
어린 마이아사우라는 어른에 비해 눈이 크고 주둥이가 비교적 짧았어요.

파라사우롤로푸스

코의 길이가 트럼펫 세 개를 이은 것과 맞먹는다고 상상해 보세요! 파라사우롤로푸스가 딱 그렇게 생겼답니다. 코뼈에서 나온 기다란 볏이 머리 뒤까지 쭉 늘어져 있었어요. 머리에 달린 볏이 어떻게 쓰였는지 확실히 알 수 없지만, 중요한 단서 하나는 속이 튜브처럼 비어 있었다는 사실이지요. 처음에 고생물학자들은 공룡의 볏이, 물속에 잠겨 있어도 숨을 쉴 수 있도록 돕는 기구인 스노클 역할을 한다고 생각했어요. 7600만 년 전, 물속에서 자라는 풀을 뜯어 먹을 때 이용했다는 말이죠. 지금은 파라사우롤로푸스가 이 볏으로 다른 무리들과 소통했다는 의견이 대부분이에요. 파라사우롤로푸스의 청력이 좋았다는 사실이 이 의견을 뒷받침하지요.

파라사우롤로푸스의 머리뼈는 볏을 포함해 최대 1.6미터나 되었다고 해요!

파라사우롤로푸스.
백악기, 북아메리카.
파라사우롤로푸스의 화석을 보면 볏의 모양과 크기가 저마다 달라요. 수컷과 암컷의 차이일 수도 있어요.

유오플로케팔루스는 두꺼운 갑옷으로 무장했어요. 눈꺼풀까지 딱딱한 판으로 보호받았지요.

유오플로케팔루스

다리와 배를 제외한 몸통이 몽땅 탱크처럼 생긴 유오플로케팔루스는 온몸이 두꺼운 피부로 덮여 있었어요. 등을 따라 딱딱한 골편이 돋아나 있어 굶주린 포식자를 물리칠 수 있었지요. 골편은 나뉘어 있어 움직이거나 구부릴 수도 있었어요. 더욱이 한 줄로 돋아난 가시 덕분에 포식자들은 유오플로케팔루스를 잡아먹을 엄두를 내지 못했지요. 이 공룡은 자신을 공격하거나 짝을 두고 경쟁하는 상대에게 거대한 곤봉 모양이 달린 유연한 꼬리를 마구 휘둘러 댔어요.

유오플로케팔루스는 7600만 년 전에 살았던 초식 공룡이었어요. 최근 공룡의 머리뼈를 스캔해 보니 콧속에 긴 고리 모양의 통로가 있다는 사실이 밝혀졌어요. 아마 이 통로로 낮은 소리를 내어 동족과 소통했을 거예요.

유오플로케팔루스.
백악기, 북아메리카.
여기에 보이는 딱딱한 꼬리 곤봉을 휘두르면 포식자들에게 심각한 상처를 안겨 줄 수도 있었어요.

오르니토미무스

오르니토미무스는 눈이 매우 컸어요. 눈의 크기로 보아 밤에 활동하는 야행성 동물이었다는 것을 알 수 있지요.

**오르니토미무스.
백악기, 북아메리카.**
늘씬한 골격에 다리가 긴
오르니토미무스는 매우 날렵한
달리기 선수였어요.

이 공룡을 보면 타조나 에뮤와 같은 커다란 새가 떠오르지 않나요? 공룡의 이름을 지은 미국의 고생물학자 오스니얼 찰스 마시도 그렇게 생각했어요. 오르니토미무스는 '새를 흉내내다'라는 뜻이에요. 기다란 목 위에는 작은 머리가 있고, 이빨이 없이 부리가 달려 있었어요. 이런 종류의 공룡은 두 발로 걸어 다니며 고기를 먹는 수각룡이었지만, 오르니토미무스는 잡식성이었던 것으로 보여요.

오르니토미무스의 가느다란 팔에는 깃털이 있었고 몸통은 보송보송한 털로 뒤덮여 있었어요. 하지만 7600만 년 전 화석의 피부 흔적을 보면 다리에는 깃털이 없었던 것 같아요. 타조와 더욱 닮았죠. 오늘날의 새들처럼 오르니토미무스의 깃털은 추위를 막는 데 꼭 알맞았어요.

벨로키랍토르는 드로마에오사우루스라 불리는 공룡에 속해 있었어요.
이들 공룡은 모두 발톱이 아주 날카로웠답니다.

벨로키랍토르

벨로키랍토르는 커다란 개와 크기가 비슷했어요. 압도적인 크기는 아니었지만 60개의 삐죽삐죽한 이빨과, 한 번만 찔러도 끔찍한 상처를 남길 수 있는 날카로운 발톱이 모든 발에 달려 있었어요. 7500만 년 전 아시아의 사막을 어슬렁거리며 다른 공룡을 비롯한 작은 파충류와 포유류를 사냥했지요.

벨로키랍토르의 화석에서는 깃털이 발견되지 않았지만, 팔뼈에 '깃털 혹'이라 부르는 혹이 있었어요. 따라서 깃털이 달려 있었다고 추측하지만, 벨로키랍토르가 날지 못했던 것은 확실해요. 날기에는 팔이 너무 짧았거든요! 그 대신 몸을 따스하게 유지하거나 다른 공룡들에게 멋있어 보이려고, 아니면 알을 품을 때 깃털을 이용했을 거예요.

**벨로키랍토르.
백악기, 아시아.**
길이가 6.5센티미터인 낫 모양 발톱은 무뎌지지 않도록 땅 위에 얌전히 놓아두었어요.

아르케론은 지금까지 존재했던
바다거북 중 가장 컸답니다.

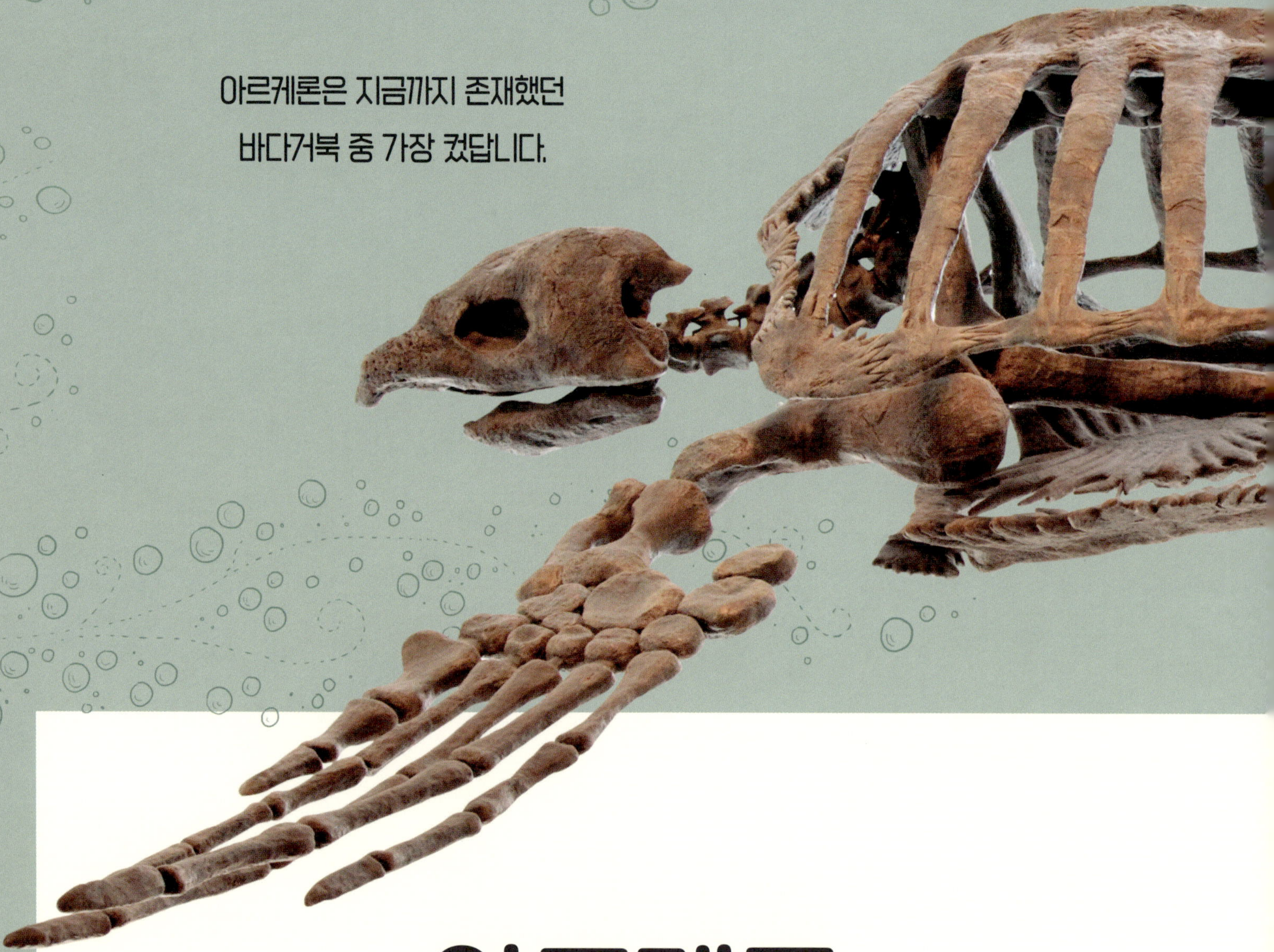

아르케론

**아르케론.
백악기, 북아메리카.**
뼈는 아르케론의 등딱지를 떠받쳐 주었고, 등과 배를 모두 보호해 주었어요.

아르케론은 크기가 자동차와 비슷했던 거대 바다거북이었어요. 오늘날의 장수거북처럼 아르케온의 등딱지는 딱딱하지 않고 가죽 같았어요. 육지 거북과는 달리 머리와 팔다리를 등딱지 속에 넣지 못했기 때문에, 아르케론의 지느러미 발은 저녁거리를 찾으러 돌아다니는 모사사우루스에게 잡기 쉬운 사냥감이었지요! 아르케론은 7500만 년 전에 살았고 거대한 지느러미를 노처럼 휘저으며 바닷속을 헤엄쳤어요. 고리 모양으로 휘어져 눈에 잘 띄는 윗부리는 해파리 같은 먹잇감을 뜯어 먹거나, 암모나이트처럼 껍데기가 있는 무척추동물의 껍질을 부수는 데 알맞았어요. 알을 낳으려면 육중한 몸을 이끌고 바닷가로 올라가야 했을 거예요. 아마 모래를 파서 둥지를 짓고 그 안에 알을 낳았겠지요.

스티라코사우루스

스티라코사우루스는 그 어떤 공룡보다도 화려한 목 주름 장식을 뽐냈답니다. 크고 작은 뿔이 주름 장식 위로 가지런히 달려 있었지요. 아마도 뿔은 밝은색을 덧입혀 짝을 찾는 데 쓰였을 거예요. 스티라코사우루스에게는 뾰족한 뿔이 양 볼에도 튀어나와 있었고, 코에도 60센티미터나 자랄 수 있는 거대한 뿔이 달려 있었어요. 이렇게 뿔이 많았던 이유는 포식자들을 막기 위한 것으로 보여요.

뼈가 무더기로 발견된 것으로 보아 스티라코사우루스는 7500만 년 전 무리를 지어 살았던 것 같아요. 탁 트인 평원에 살면서 강한 이빨과 부리로 야자나무나 소철나무 등 질긴 식물을 잘라 먹었어요.

**스티라코사우루스의 주름 장식 위에 있던 뿔은
코에 난 뿔만큼이나 길었다고 해요!**

**스티라코사우루스.
백악기, 북아메리카.**
스티라코사우루스는 주름 장식에 솟아오른 뿔 때문에 '가시 돋친 도마뱀' 이라는 뜻의 이름이 붙었어요.

스티라코사우루스

몇몇 각룡들에게는 뾰족한 뿔이 달린 주름 장식이 있었어요. 스티라코사우루스는 주름 장식에 기다란 뿔이 여러 개 튀어나와 있었지요. 코에 솟은 뿔만큼이나 긴 뿔도 있었답니다. 스티라코사우루스는 백악기 북아메리카에 살았어요.

두꺼운 머리뼈 파키케팔로사우루스의 두꺼운 머리뼈는 작은 돌기로 둘러싸인 경우도 있었어요.

부리 부리로 식물을 캐서 먹었던 것으로 보이지만, 날카로운 이빨로 고기를 찢어 먹었을지도 몰라요.

파키케팔로사우루스

파키케팔로사우루스는 '머리가 두꺼운 도마뱀'이라는 뜻이에요. 생김새를 보면 왜 그런 이름이 지어졌는지 쉽게 알 수 있지요. 이 공룡들은 자신들이 얼마나 강한지 보여 주려고 서로 박치기를 했을 거예요. 파키케팔로사우루스는 백악기에만 살았어요.

다리 파키케팔로사우루스는 두 발로 걸었어요.

프시타코사우루스

프시타코사우루스는 백악기 초기, 아시아에서 살았던 초기 백악기 공룡이에요. 주름 장식은 없었지만 양 볼에 뿔이 있었어요. 최초의 각룡은 몸집이 작았고 두 다리로 걸었어요.

각룡류 공룡

수많은 공룡들은 오늘날 살아 있는 동물에게서는 찾기 힘든 독특한 특징이 있었어요. 각룡류는 뿔과 주름 장식이 있었고 둥그런 뚜껑 같은 머리뼈 등 두드러진 특징이 있었지요. 이 대형 공룡과는 파키케팔로사우루스와 각룡 같은 두 종류로 나뉘어요. 파키케팔로사우루스는 딱딱하고 두꺼운 머리뼈가 있어서, 다른 동물들과 싸울 때 박치기를 하며 싸움을 했어요. 각룡은 '뿔 공룡'이라고도 불리는데, 머리와 코에 기다란 뿔이 있었을 뿐만 아니라 머리 뒤쪽에도 커다란 주름 장식이 있었답니다. 여기에 속하는 공룡들로는 트리케라톱스처럼 우리에게도 친숙한 공룡들이 많아요. 각룡류 대부분은 초식이었지만, 작은 동물을 잡아먹었던 공룡도 있었을 거예요.

주름 장식 머리에서 뻗어 나온 커다란 주름 장식에는 밝은 색깔이 입혀져 아마도 뽐내는 데 쓰였을 거예요.

뿔 각룡들은 흔히 얼굴에 뿔이 많았어요.

부리 각룡류는 질긴 식물을 잘게 잘라 먹을 수 있는 강력한 부리가 있었어요.

트리케라톱스

트리케라톱스는 아마도 가장 잘 알려진 공룡일 거예요. 얼굴에 뿔이 세 개 솟아 있었고 커다란 주름 장식이 있었답니다. 백악기가 끝나기 직전에 살았어요.

오늘날 새들 대부분이 그렇듯
오비랍토르도 알들을 품고 보호했어요.

오비랍토르

오비랍토르가 처음 발견된 곳은 알둥지 근처였어요. 이것을 보고 '알 도둑'이라는 뜻의 이름이 붙여졌지요. 하지만 이제 과학자들은 오비랍토르가 알을 훔치려는 것이 아니라 지키고 있었다는 사실을 알게 되었어요! 둥지 주위에 알을 원 모양으로 가지런히 올려놓고, 가운데에 앉아 복슬복슬한 깃털을 알 위에 펼쳐서 포근히 감싸 주었던 것이지요.

오비랍토르는 7500만 년 전 즈음에 사막에서 사냥을 하며 살았어요. 오비랍토르와 가까운 공룡의 배 속에서 절반쯤 소화된 도마뱀이 발견되었지요. 이를 보고 오비랍토르도 육식 동물이라고 추정할 수 있었어요. 하지만 견과류와 씨앗도 먹었을 수 있어요.

**오비랍토르.
백악기, 아시아.**
오비랍토르의 알 화석을 보면
길고 타원형이었다는 사실을
알 수 있어요.

모사사우루스는 백악기 말기까지
바닷속을 주름잡던 포식자였어요.

플리오플라테카르푸스

**플리오플라테카르푸스.
백악기, 유럽과 북아메리카.**
플리오플라테카르푸스는
약 7300만 년 전에 살았으며,
긴 턱에 뾰족하고 구부러진
이빨이 가득했어요.

플리오플라테카르푸스는 아주 난폭한 모사사우루스과 공룡이었어요. 이들은 해양 파충류에 속한 공룡들로 플리오사우루스와 생김새가 매우 비슷했지요. 기다란 머리뼈에 뾰족한 이빨이 가득했어요. 그리고 발가락 사이에 물갈퀴가 있어 지느러미 역할을 했지요. 플리오플라테카르푸스는 기다란 꼬리를 프로펠러 삼아 먹잇감을 전속력으로 뒤쫓기도 했답니다. 입은 뱀처럼 위턱과 아래턱의 연결 부위가 이중으로 되어 있어, 두 턱을 위아래뿐만 아니라 좌우로도 자유롭게 쩍 벌릴 수 있었어요. 덕분에 먹이를 한입에 꿀꺽 삼킬 수 있었답니다! 몇몇 암모나이트를 자세히 살펴보면, 껍데기에 모사사우루스의 이빨과 똑같이 생긴 둥그런 이빨 자국이 보일 거예요. 암모나이트를 와그작와그작 즐겨 먹었다는 증거지요.

에드몬토사우루스

에드몬토사우루스의 화석에는 이빨 자국이 많이 발견되었어요.
아마도 티라노사우루스에게 물린 자국이었겠지요.

**에드몬토사우루스.
백악기, 북아메리카.**
많이 씹어서 닳아 버린 에드몬토사우루스의
이빨은 새 이빨로 바뀌었어요. 이빨이 쌓인
기둥은 최대 6층이나 되었답니다.

화석이 발견된 몇몇 장소와 수천 개의 화석 뼈를 보면 알 수 있듯이, 에드몬토사우루스는 연구가 잘된 공룡 중 하나예요. 미라가 된 몸뚱이와 피부 흔적까지 발견된 적도 있답니다. 에드몬토사우루스는 오리 주둥이 공룡으로 7300만 년 전 북아메리카의 따뜻한 숲속을 터벅터벅 돌아다니며 살았어요. 주둥이 앞에는 넓은 부리가 있어서 침엽수의 뾰족한 나뭇잎과 나뭇가지, 나무껍질 등을 뜯었고 입속에 가지런히 돋아난 이빨로 씹어 먹었답니다.

북극권 한계선에서 발견된 에드몬토사우루스의 화석을 연구해 보니, 놀랍게도 이 공룡은 다른 곳으로 이동하지 않고 1년 내내 같은 곳에 머물렀다는 사실이 밝혀졌어요. 어떻게 길고도 어두우며 추운 겨울을 날 수 있었을까요? 과학자들도 아직 확실한 답을 알아내지 못했답니다.

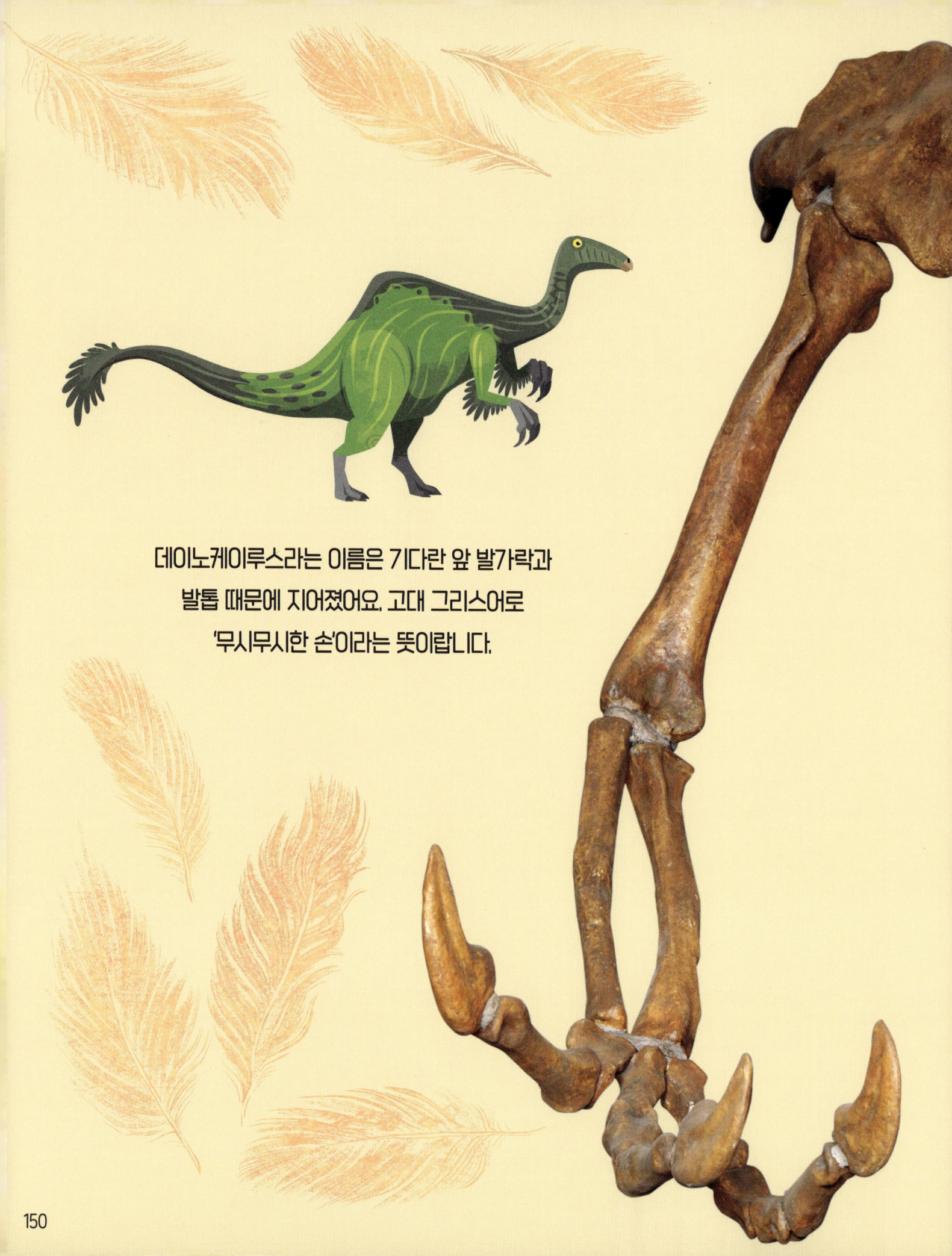

데이노케이루스라는 이름은 기다란 앞 발가락과 발톱 때문에 지어졌어요. 고대 그리스어로 '무시무시한 손'이라는 뜻이랍니다.

데이노케이루스

50여 년이 넘도록 데이노케이루스에 대해 알려진 것이라고는 커다란 발톱이 달린 거대한 앞발 한 쌍뿐이었어요. 발톱 하나하나의 크기가 무려 바나나보다 더 컸답니다! 그러다 2013년에 데이노케이루스의 나머지 골격 화석이 발견되었어요. 정말이지 기괴한 동물로 밝혀졌지 뭐예요. 길이는 11미터였는데, 공포를 자아내는 발톱뿐만 아니라 혹이 달린 등에 깃털도 있었어요. 부리에는 이빨이 없었는데 관찰해 보니 데이노케이루스는 풀을 먹었다는 사실을 알 수 있었지요. 위에서는 위석도 발견되었는데, 질긴 식물을 잘게 부수는 역할을 했을 거예요. 하지만 배 속에서 물고기도 발견되어, 잡식 공룡이었다는 것을 알 수 있어요. 데이노케이루스는 약 7000만 년 전에 살았답니다.

**데이노케이루스.
백악기, 아시아.**
몽골에서 발견된 데이노케이루스의 앞다리 길이만 2.5미터나 돼요. 이것으로 풀을 뜯고 물고기를 잡았을 뿐만 아니라 포식자들의 공격도 막았답니다.

**파키케팔로사우루스.
백악기, 북아메리카.**
파키케팔로사우루스의 둥그런 머리뼈는 두께가 최대 25센티미터나 되었어요.

어린 파키케팔로사우루스의 머리뼈는 평평했던 것으로 보이지만 자라면서 점점 둥근 모양이 되었어요.

파키케팔로사우루스

쾅! 파키케팔로사우루스 두 마리가 치고 박으며 싸우는 모습을 본다면 휘말리고 싶지 않을 거예요. 이 공룡은 트리케라톱스처럼 각룡에 속하지만, 머리에서 뻗어 나온 주름 장식이 없어요. 그 대신 두껍고 딱딱한 머리뼈가 있었답니다. 머리가 둥근 이 공룡을 보면 마치 커다란 뿔이 달린 숫양 두 마리가 서로에게 달려들어 박치기를 하는 모습이 떠올라요. 대개 짝에게 멋있게 보이려고 이런 행동을 했답니다.

파키케팔로사우루스의 화석은 머리뼈가 깨진 채 발견된 경우가 많아요. 서로 박치기를 하다 부상을 입은 적이 많았다는 증거로 보여요.

파키케팔로사우루스는 약 7000만 년 전에 살았어요. 두 다리로 걸어 다녔고 눈이 커서 시력이 좋았지요. 주로 식물을 먹었다고 추측하지만, 이빨이 뾰족한 것으로 보아 작은 동물도 잡아먹었을 수 있어요.

어린 트리케라톱스와 늙은 트리케라톱스의 화석을 비교해 보면 자라면서 주름 장식과 뿔이 점점 더 커졌다는 사실을 알 수 있어요.

**트리케라톱스.
백악기, 북아메리카.**
부리 끝에서 머리 뒤 주름 장식까지 잰 머리뼈의 길이는 2.5미터에 이를 정도로 엄청나게 컸어요.

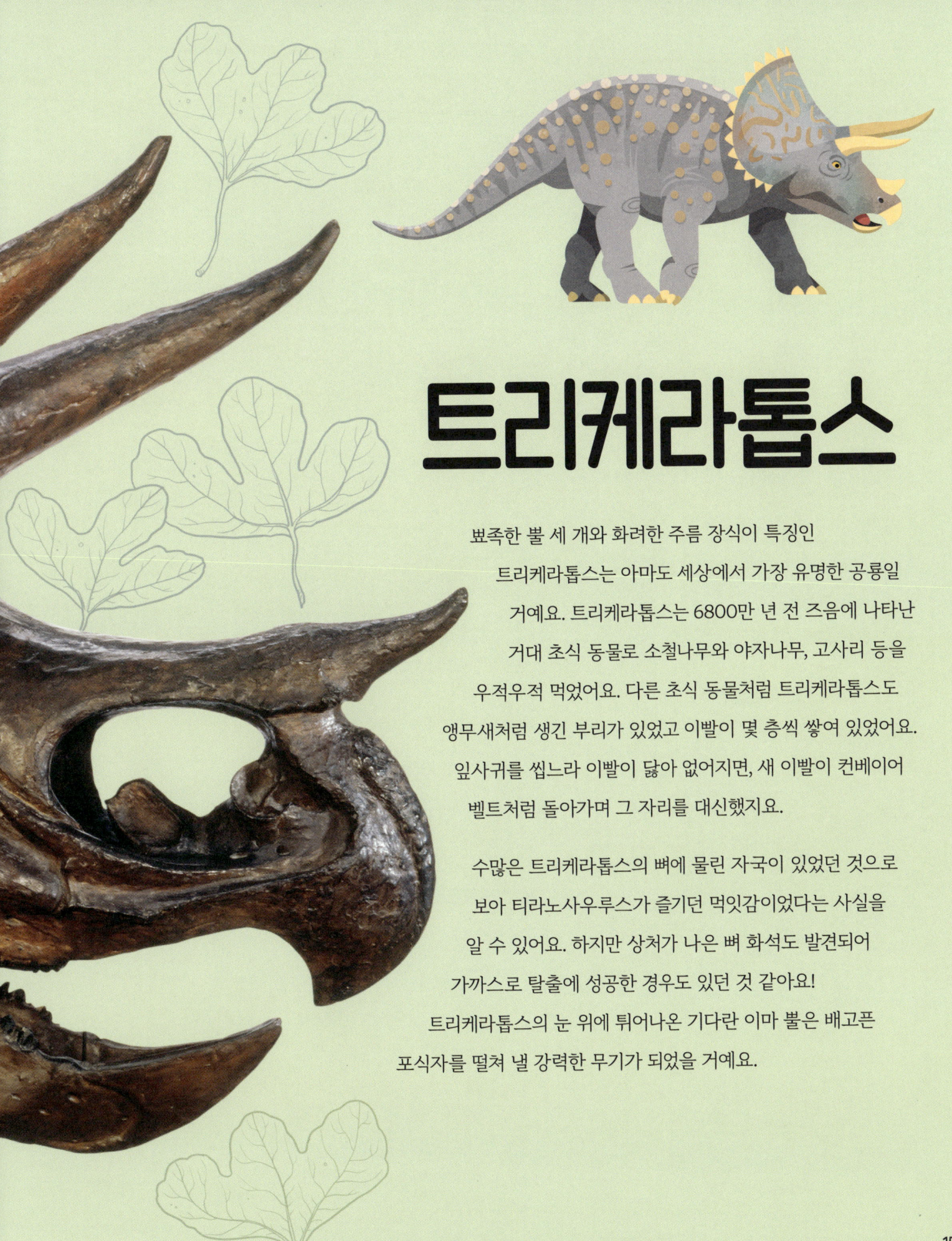

트리케라톱스

뾰족한 뿔 세 개와 화려한 주름 장식이 특징인 트리케라톱스는 아마도 세상에서 가장 유명한 공룡일 거예요. 트리케라톱스는 6800만 년 전 즈음에 나타난 거대 초식 동물로 소철나무와 야자나무, 고사리 등을 우적우적 먹었어요. 다른 초식 동물처럼 트리케라톱스도 앵무새처럼 생긴 부리가 있었고 이빨이 몇 층씩 쌓여 있었어요. 잎사귀를 씹느라 이빨이 닳아 없어지면, 새 이빨이 컨베이어 벨트처럼 돌아가며 그 자리를 대신했지요.

수많은 트리케라톱스의 뼈에 물린 자국이 있었던 것으로 보아 티라노사우루스가 즐기던 먹잇감이었다는 사실을 알 수 있어요. 하지만 상처가 나은 뼈 화석도 발견되어 가까스로 탈출에 성공한 경우도 있던 것 같아요! 트리케라톱스의 눈 위에 튀어나온 기다란 이마 뿔은 배고픈 포식자를 떨쳐 낼 강력한 무기가 되었을 거예요.

티라노사우루스

거대한 몸집에 작은 팔을 보면 바로 알아차릴 수 있는 티라노사우루스는 세계에서 가장 이름난 공룡일지 몰라요. 길이만 무려 13미터나 되었던 역사상 거대한 포식 공룡 중 하나였거든요. 티라노사우루스는 약 6800만 년 전 백악기 북아메리카에서 발을 쿵쿵 찧으며 먹잇감을 찾아 돌아다녔어요. 보기만 해도 오싹하게 소름이 돋는 이빨로 소시지 4,000개와 맞먹는 양을 한 입에 넣고는 고기를 와그작와그작 씹어 먹었지요. 그뿐만 아니라 뼈도 산산조각낼 수 있었어요. 수많은 초식 공룡의 화석에서 티라노사우루스의 이빨 자국이 발견되었어요. 하지만 부서졌다 회복된 화석도 있어서 용감하게 맞서 싸웠던 공룡도 있었다는 사실을 나타내지요. 굶주린 티라노사우루스가 손쉽게 찾을 수 있었던 먹이는 다른 포식자들이 먹다 남기고 간 고기였어요.

티라노사우루스는 어른 크기만큼
자라는 데 20년이 걸렸어요.

티라노사우루스.
백악기, 북아메리카.
여기 티라노사우루스의 머리뼈
화석에 어마어마한 턱이 보여요.
강력한 턱 힘을 자랑했지요.

고제3기 (6600만 년 전~2300만 년 전)

고제3기에는 수많은 종류의 포유류가 나타났고 꽃을 피우는 식물과 곤충도 새로이 등장했어요. 지구는 점점 더 따뜻해졌고 현대의 열대 우림과 초원이 넓혀졌지요. 오늘날 알려진 대륙 모두가 바다를 사이에 두고 갈라졌어요.

제4기 (200만 년 전~현재)

제4기에는 지구의 기온이 떨어져 빙하기가 찾아왔어요. 기후가 바뀌고 인류가 사냥을 하면서 거대 동물들이 멸종하기에 이르렀지요. 대륙은 오늘날 우리가 알고 있는 모양으로 이동했어요.

신제3기 (2300만 년 전~200만 년 전)

신제3기에는 초원이 더욱 넓게 퍼졌고, 바다에는 해초가 숲을 이루었어요. 북아메리카와 남아메리카 등 일부 대륙이 서로 합쳐져 각 대륙에 있던 생명체가 양쪽을 오갔지요. 아프리카에서는 초기 인류가 등장했어요.

신생대

6600만 년 전부터 현재까지

중생대에 조류와 가깝지 않던 공룡들이 멸종한 후, 포유류는 세상에 더 멀리 퍼져 나갈 기회를 잡았어요. 이윽고 포유류는 육지의 지배자가 되었고, 신생대는 '포유류의 시대'라는 이름으로도 불리게 되었지요. 이 기간 동안 대륙은 현재 위치로 이동했어요. 신생대 초기에 기온이 오르기는 했지만 그다음에 갑자기 추워지면서 빙하기가 연속으로 찾아왔어요. 이 시대에는 인간을 비롯한 수많은 포유류가 새롭게 등장하여 지금까지 존재하고 있어요. 한편으로는 선사 시대에 살던 거대 동물들이 멸종하고 말았지요. 신생대는 고제3기, 신제3기, 제4기 같은 세 개의 시기로 나뉘어요.

화폐석

여기 이 작고 원반처럼 생긴 생명체는 화폐석이라고 해요. 동전과 닮아서 이런 이름이 지어졌지요. 화폐석은 유공충의 일종이에요. 유공충은 단단한 껍데기가 있는 단세포 생물인데, 주로 진흙이나 바다 밑바닥의 모래 속에서 볼 수 있답니다. 약 5600만 년 전, 화폐석은 옛 지중해였던 테티스 해의 얕은 바다 곳곳에서 번성했어요. 가장 커다란 화폐석은 따뜻한 물에서 100년 넘게 살며 지름이 16센티미터까지 커졌답니다. 세포 하나가 그렇게 커졌다고 하니 정말 어마어마하지요!

화폐석의 껍데기는 테티스 해였던 곳의 암석에서 종종 발견되고는 해요. 화폐석의 화석은 고대 이집트인들이 피라미드를 지을 때 썼던 석회석에서도 볼 수 있답니다.

화폐석은 오늘날에도 바다 밑바닥에서 살고 있어요.
하지만 크기가 작은 개미 정도에 지나지 않는답니다.

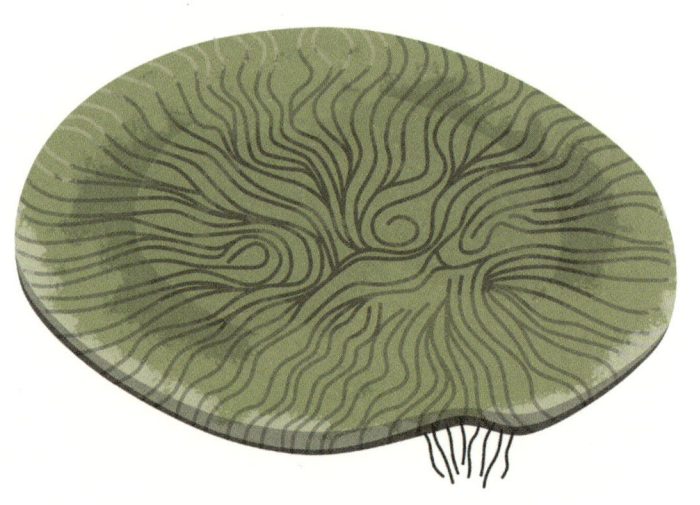

화폐석. 고제3기에서 현재까지, 전 세계.
둥그런 화폐석 껍데기가 살짝 닳아 없어지면 그 안에 소용돌이 모양의 작은 공간이 드러나기도 해요.

**티타노보아.
고제3기, 남아메리카.**
티타노보아의 척추 뼈 하나는
오늘날 보아 뱀의 것보다
세 배나 더 커요.

티타노보아는 역사상
가장 큰 뱀이었답니다.

티타노보아

이 뱀은 길이가 웬만한 버스와 비슷하고, 몸이 워낙 굵어서 입구로 들어갈 수 없을 정도였어요. 약 700만 년 전 남아메리카에 살았지요. 이때는 대멸종으로 조류가 아닌 공룡들이 모두 멸종되어 흔적도 없이 사라진 뒤였어요. 티타노보아에게는 독이 없었지만, 그렇다고 먹잇감에게 만만한 존재는 아니었답니다. 강력한 몸통으로 먹잇감을 돌돌 말아서 완전히 으스러뜨리는 뱀의 일종이었으니까요. 티타노보아는 코끼리거북, 악어와 주변에서 함께 살며 커다란 물고기를 잡아먹었을 거예요. 현대의 아나콘다처럼 강을 헤엄치며 사냥했겠지요. 티타노보아가 살았던 시기는 따뜻한 열대 기후였기 때문에 파충류들이 엄청나게 크게 자랐어요. 그래서 이렇게 추위에 약한 냉혈 동물은 따스한 날씨를 마음껏 즐기며 살았을 거예요.

헬리오바티스

헬리오바티스는 '태양 광선'이라는 뜻이에요. 화석이 된 지느러미가 태양 광선처럼 사방으로 뻗은 모습을 보고 지은 이름이라고 하네요.

헬리오바티스가 해저를 가로지르는 모습은 현대의 가오리와 매우 닮았어요. 하지만 오늘날 대부분의 가오리와는 달리, 짠 바닷물보다는 호수와 강의 민물을 더 좋아했답니다. 헬리오바티스는 둥그런 몸 끄트머리로 잔물결을 일으키며 갯벌 위를 능숙하게 헤엄치고 먹잇감을 사냥했어요. 헬리오바티스가 좋아하는 사냥감으로는 작은 물고기와 가재가 있었지요. 입 아래에 숨겨 놓았던 날카로운 이빨로 먹잇감을 와그작와그작 부수어 먹었어요.

가오리는 상어와 가까워요. 둘 다 연골로 이루어진 유연한 골격에 튼튼한 비늘로 덮여 있다는 공통점이 있어요. 연골은 우리 코와 귀 등에 있는 뼈인데, 비교적 말랑말랑해서 잘 구부러진답니다. 헬리오바티스는 기다란 꼬리에 독침이 있어서 다른 동물을 쏠 수도 있어요.

헬리오바티스.
고제3기, 북아메리카.
미국 와이오밍에서 발견된 헬리오바티스는 나이티아라는 물고기들과 함께 화석이 되었어요.

미니

미니는 5500만 년 전, 신생대 첫 시기인 고제3기에 처음 등장한 물고기였어요. 하지만 지금도 바다에서 볼 수 있답니다! 미니의 일종인 배불뚝치는 둥글고 반짝이는 생김새가 특징인데, 오늘날 인도양과 태평양에 살고 있지요. 선사 시대의 미니는 약 30센티미터까지 자랐으며 현대의 미니와 모양이 매우 비슷했답니다. 이 특이한 물고기에게는 아주 커다란 위가 있었고, 배에는 길고 가느다란 지느러미가 두 개 붙어 있었어요. 양쪽에 큰 지느러미가 없다 보니 꼬리지느러미를 이용해 물속에서 속도를 내야 했어요. 하지만 몸통이 납작한 덕분에 물살을 가로지르는 데에는 문제없었지요. 현대의 미니는 꼬리가 포크 모양이지만 화석으로 남은 미니는 꼬리가 삼각형이었어요.

이탈리아에서 발견된 물고기 화석 터는 '물고기 그릇'이라는 이름으로도 불렸어요. 그곳에서 미니를 비롯한 수많은 물고기 화석이 발견되었기 때문이에요.

미니. 고제3기에서 현재까지, 전 세계.
놀라울 정도로 잘 보존된 미니의 화석이에요. 위 속의 가느다란 지느러미까지 보여요.

플로리산티아는 아욱과 식물의 일종이에요.
우리가 초콜릿을 만들 때 쓰는
카카오 열매의 나무도 아욱과랍니다.

플로리산티아

플로리산티아는 고제3기에 번성했던 식물인데 지금은 멸종했어요. 그럼에도 꽃의 일부와 열매, 꽃가루까지 수많은 화석이 남아 있어 잘 알려져 있지요. 화석을 보면 꽃의 세세한 모양까지 남아 있다고 생각하기 쉽지만, 실제로 그렇지는 않답니다. 화석에 남아 있는 것은 사실 꽃잎처럼 생긴 꽃받침이에요. 꽃받침은 대개 가운데에서 꽃을 보호하는 역할을 하지요.

단 한 가지 종류의 플로리산티아에만 꽃잎이 있는데, 지금까지 보존된 것은 거의 없어요. 플로리산티아의 꽃은 매우 긴 줄기 위에서 자라며, 꽃의 각 부분이 모두 다섯 개로 이루어져 있었어요. 꽃잎이 다섯 개, 꽃받침도 다섯 개 그리고 꽃가루를 만드는 수술도 다섯 개인 식이었지요. 잎사귀 화석은 아직 발견되지 않아서 식물의 전체 모습이 어떠했는지는 알 수 없답니다.

플로리산티아, 고제3기, 북아메리카.
화석에 꽃받침 다섯 개가 보여요. 그 안에 영양분과 물을 실어 날랐던 잎맥도 있네요.

바실로사우루스

수많은 바실로사우루스 화석이 이집트의 할 히탄, 또는 '고래 계곡'이라 불리는 곳에서 발견되었어요.

**바실로사우루스.
고제3기, 아프리카와 북아메리카.**
바실로사우루스는 턱 맨 앞에 뾰족한 이빨이 있었고, 뒤에는 톱니바퀴 같은 이빨이 있었어요.

고래가 육지에서 살던 동물이었다는 사실을 알고 있나요? 오늘날 고래의 조상이 남긴 화석을 보면, 생김새가 사슴과 비슷하고 수백 년에 걸쳐 점점 물에 적응해 왔다는 사실을 알 수 있어요. 바실로사우루스는 4100만 년 전에 살았으며 뱀장어처럼 몸통이 길었던 초기 고래였어요. 완전히 물속에서만 살았지만, 발가락이 세 개씩 달린 작은 뒷다리가 여전히 있었지요.

바실로사우루스의 이빨은 매우 뾰족했어요. 볼 안에 있는 이빨이 닳은 것으로 보아, 현대의 고래와는 달리 먹잇감을 삼키기 전에 씹었다는 것을 알 수 있어요. 상어를 비롯한 커다란 물고기를 주로 먹었지요. 가까운 친척인 새끼 도루돈 화석에 물린 자국이 선명하게 있는 것으로 미루어 볼 때, 바실로사우루스는 동족도 서슴없이 잡아먹었다고 짐작할 수 있어요.

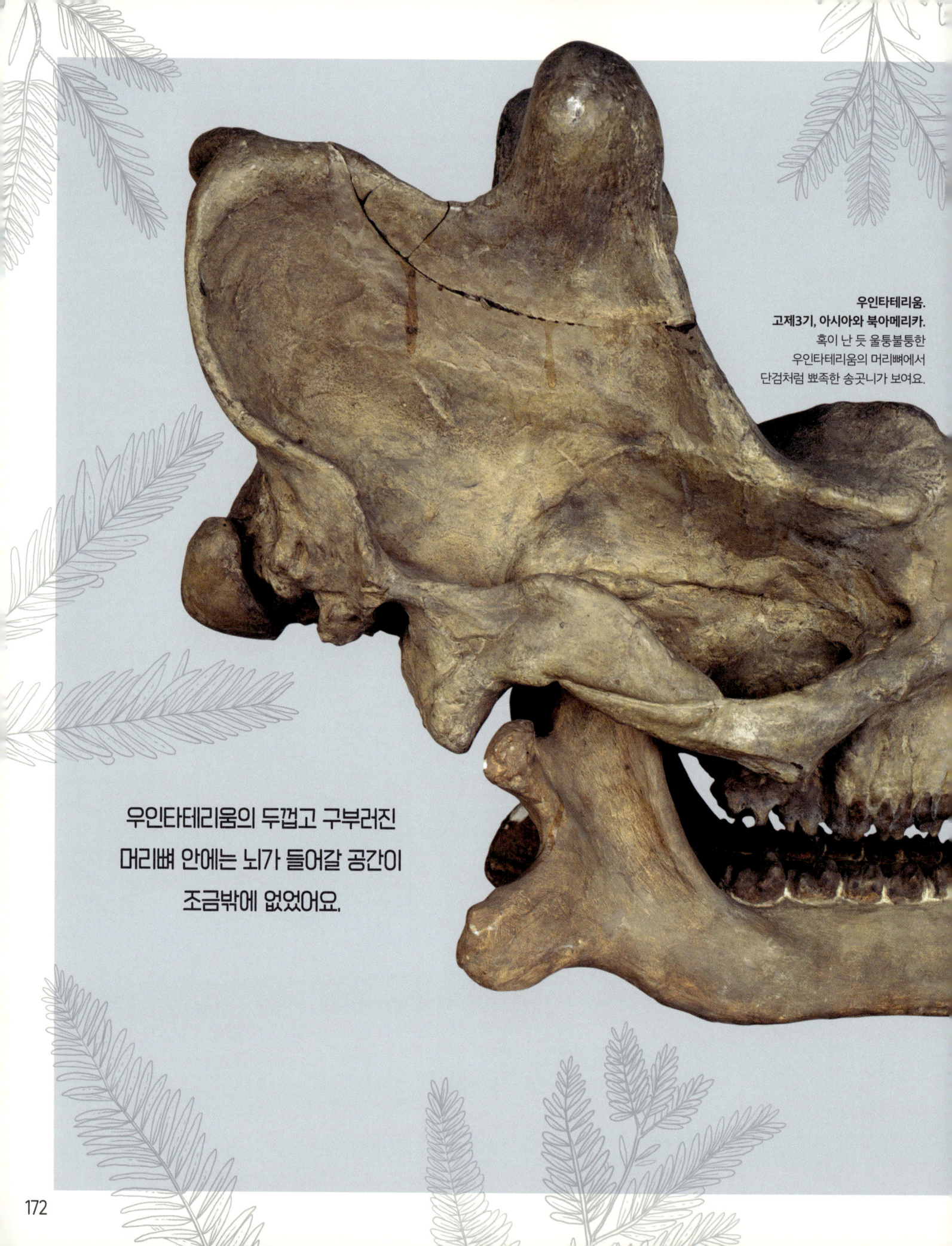

**우인타테리움.
고제3기, 아시아와 북아메리카.**
혹이 난 듯 울퉁불퉁한
우인타테리움의 머리뼈에서
단검처럼 뾰족한 송곳니가 보여요.

우인타테리움의 두껍고 구부러진
머리뼈 안에는 뇌가 들어갈 공간이
조금밖에 없었어요.

우인타테리움

우인타테리움은 코뿔소와 관련이 없지만 크기와 모양은 비슷했어요. 하지만 머리 모양만큼은 무척 특이했지요. 수컷 우인타테리움에게는 뿔이 세 개 달려 있었고 칼날처럼 날카로운 거대 송곳니가 두 개 있었어요. 아마 뿔과 송곳니로 짝의 마음을 얻으려고 했을 거예요. 이 커다란 포유동물은 4000만 년 전에 살았고, 무시무시한 송곳니가 있었는데도 풀만 우적우적 씹어 먹었답니다.

1800년대 후반, 미국에서는 기괴하게 생긴 우인타테리움 화석이 '뼈 전쟁 bone wars'에 휘말렸어요. 이때에는 새롭게 발견한 선사 시대 동물에 앞 다투어 이름을 붙이는 것이 유행했지요. 특히 오스니엘 찰스 마시와 에드워드 드링커 코프 이 두 고생물학자의 경쟁이 가장 심했어요. 이들은 화석을 새로 발견할 때마다 이름을 지어 주었는데, 사실은 모두 우인타테리움의 화석이었답니다!

**아르카에오테리움.
고제3기, 북아메리카.**
아르카에오테리움의 머리뼈는 1미터나 되었고, 날카롭게 맞물린 이빨로 꽉 들어차 있었어요.

아르카에오테리움의 화석을 관찰해 보면 초기 낙타를 잡아먹었다는
사실을 알 수 있어요. 그리고 나중에 먹을 생각으로
시체를 쌓아 두었답니다!

아르카에오테리움

3000만 년 전, 아르카에오테리움이 주로 살던 보금자리는 그늘이 드리운 숲이었어요. 아르카에오테리움은 언뜻 보면 거대한 돼지처럼 생겼지만 사실 고래, 하마와 더 가깝답니다. 커다란 머리는 강인한 목 근육이 떠받치고 어깨 위로 기다란 뼈가 붙어 있었어요. 머리가 컸으니 그만큼 입도 컸겠지요! 아르카에오테리움은 뾰족한 거대 송곳니와 넓적한 어금니로 어떤 먹이든 부수고 찢을 수 있었어요. 그리고 이 포유류는 먹이를 가리지 않는 잡식 동물이었답니다. 후각도 매우 뛰어났고, 튀어나온 눈으로는 먹잇감이 아주 멀리 떨어져 있어도 놓치지 않았어요. 머리 위로 튀어나온 딱딱한 혹은 다른 아르카에오테리움에게 뽐내는 데 썼을 거예요.

호박.
고제3기, 유럽.
호박에 갇힌 각다귀의 모습이에요. 몸에 난 털 하나하나까지 세세하게 보이네요.

호박

동물이 들어 있는 가장 오래된 호박은 2억 3000만 년이나 되었답니다.

호박은 소나무에서 나온 끈적끈적한 송진이 화석으로 남은 거예요. 나무는 상처가 나면 송진을 내보내 치유해요. 그래서 곤충과 작은 동물들이 어쩌다가 나무를 따라 흐르는 끈적끈적한 액체에 갇혀 버려도 놀랄 일은 아니었지요. 이러한 일은 곤충에게 불행한 사건이었지만, 과학자들에게는 행운이 따랐다고 볼 수 있어요. 송진이 굳으면 안에 있는 생명체를 완벽하게 보존해 주거든요. 호박은 저마다 마치 작은 타임캡슐 같아요. 중생대의 새끼 새에게서 떨어진 날개, 공룡의 깃털, 심지어는 얼어 버린 도마뱀이 통째로 보존되어 우리 앞에 나타난답니다.
사진에 보이는 호박은 3000만 년 전에 살았던 작은 각다귀를 가두었어요. 각다귀가 지금이라도 당장 날아갈 것만 같지요.

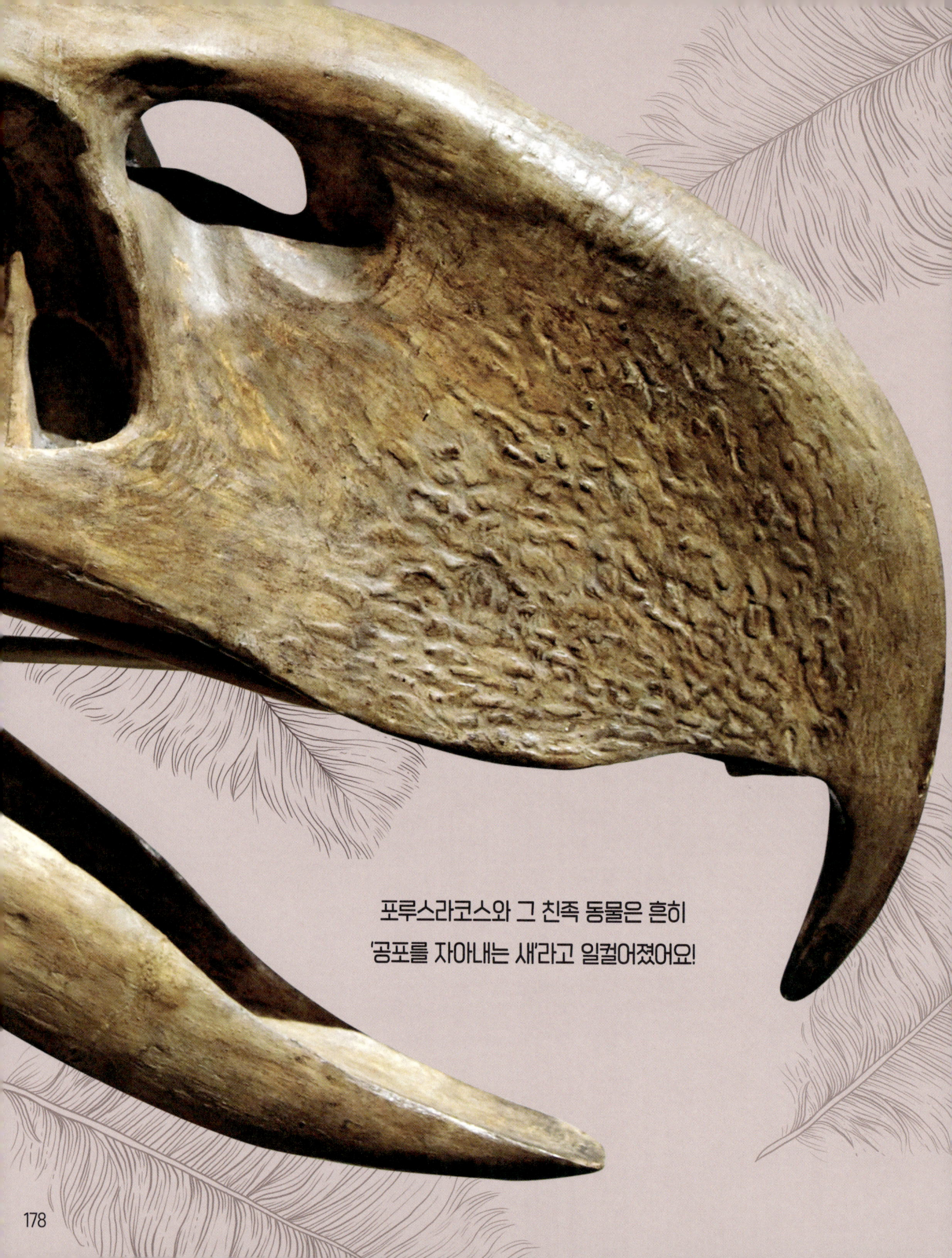

포루스라코스와 그 친족 동물은 흔히 '공포를 자아내는 새'라고 일컬어졌어요!

포루스라코스

거대 독수리처럼 생긴 포루스라코스는 부리가 엄청나게 크고 날카롭게 구부러졌어요. 덕분에 어떤 고기든 마음껏 찢어 먹을 수 있었지요. 먹잇감에게 다행이었던 점은 이 거대한 새가 날지 못했다는 것이죠. 하지만 우뚝 섰을 때 타조만큼이나 컸고 가장 빠른 운동선수보다도 더 빠른 속도로 뛸 수 있었어요. 길고도 강력한 다리로 상대를 뻥 찰 수도 있었지만, 포루스라코스를 공격할 동물은 그리 많지 않았어요. 포루스라코스는 2000만 년 전 남아메리카의 최상위 포식자 중 하나였으니까요. 부리도 무시무시할 뿐더러 발가락에도 뾰족한 발톱이 달려 있어서, 사슴처럼 큰 포유동물도 넘어뜨릴 만큼 강력한 무기가 되어 주었어요.

포루스라코스.
신제3기, 남아메리카.
포루스라코스의 윗부리는 날카롭고 끝이 구부러져 있었어요.

메갈로돈과 백상아리는 수백만 년 동안
주변에서 함께 살았지만, 메갈로돈이 백상아리보다
세 배는 더 컸어요.

메갈로돈. 신제3기, 전 세계.
메갈로돈이라는 이름은 '커다란 이빨'이라는 뜻이에요. 이빨의 길이만 18센티미터에 이르며, 삐죽삐죽한 세모 모양이었기 때문에 이런 이름이 지어졌지요.

메갈로돈

메갈로돈은 신제3기에 따뜻한 바다를 지배하던 동물이었어요. 최대 18미터나 자란 까닭에 역사상 가장 큰 상어라는 기록을 세웠지요. 그리고 400만 년 전 멸종하기 전까지 바다의 최상위 포식자였어요. 턱 안에는 276개나 되는 거대한 이빨이 나란히 들어차 있었답니다. 식욕이 왕성했던 이 포악한 포식자는 고래와 다른 상어 등 가리지 않고 보이는 것이라면 무엇이든 잡아먹었어요. 어떤 고래의 화석 뼈에는 메갈로돈에게 물린 자국이 보이기도 했답니다.

메갈로돈의 학명은 '오토두스 Otodus'예요. '귀 모양 이빨'이라는 뜻이지요. 메갈로돈의 골격은 우리 코처럼 대부분 말랑말랑한 연골로 이루어졌기 때문에, 이빨과 접시만 한 등뼈만 화석으로 남았어요.

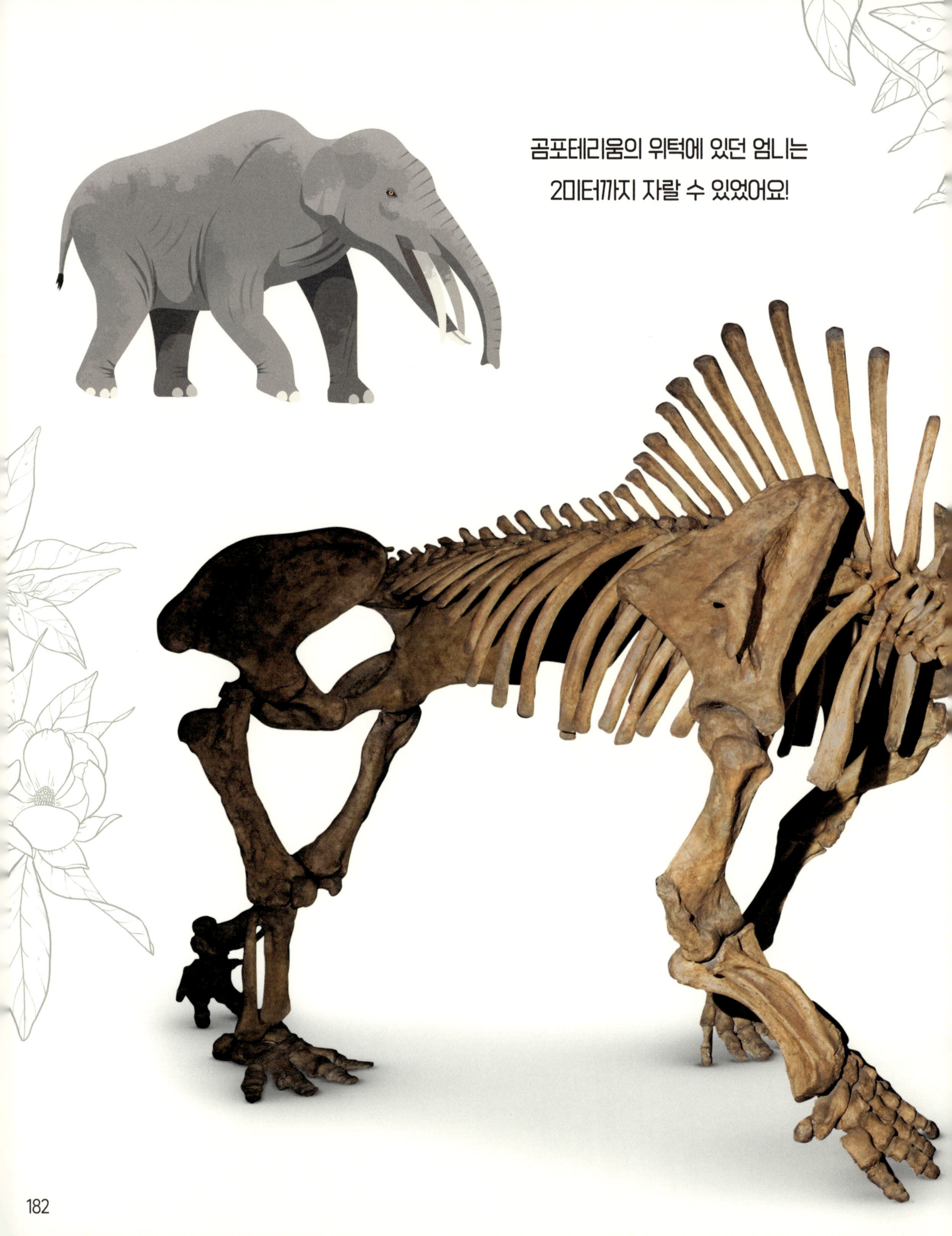

곰포테리움의 위턱에 있던 엄니는 2미터까지 자랄 수 있었어요!

곰포테리움

곰포테리움은 1300만 년 전에 살았으며 현대의 코끼리와 비슷하게 생겼어요. 엄니가 두 개가 아니라 네 개였지만요! 곰포테리움의 아래턱에 있던 엄니는 삽처럼 생겨서 땅을 파서 식물을 캐거나, 물에 있는 조류를 떠먹는 데 쓴 것으로 보여요. 나무껍질을 벗겨 먹을 때에도 엄니를 사용했을 거예요. 무척이나 고된 일이었겠지만, 곰포테리움의 엄니는 우리 치아처럼 에나멜 층으로 덮여 있어서 튼튼했답니다. 곰포테리움의 코도 코끼리처럼 유연했다고 생각되지만 그 어떤 흔적도 발견되지 않았어요. 곰포테리움의 코는 맥(코가 뾰족한 돼지처럼 생긴 동물)처럼 짧았을까요, 아니면 코끼리 코보다 길었을까요? 아무도 알 수 없어요.

곰포테리움. 신제3기, 아프리카, 아시아, 유럽, 북아메리카.
곰포테리움의 가장 큰 특징은 엄니이지만, 어깨 위에도 커다란 혹이 있었어요.

오스트랄로피테쿠스. 신제3기, 아프리카. 오스트랄로피테쿠스의 머리뼈를 보면 뇌의 크기가 인간의 약 3분의 1이었다는 사실을 알 수 있습니다.

오스트랄로피테쿠스

오스트랄로피테쿠스의 화석은 동아프리카와
남아프리카에서 발견되었어요.

우리는 화석을 통해 인류의 진화에 대해 많이 배워요. 오스트랄로피테쿠스는
인간은 아니었지만, 400만 년 전 지구에 나타난 인류의 초기 조상이었답니다.
오스트랄로피테쿠스의 화석을 보면 유인원과 인간의 특징이 뒤섞여 있어요.
예를 들어 뇌의 크기는 유인원만큼 작았지만, 인간처럼 두 발로 걸었지요.
오스트랄로피테쿠스는 과일부터 동물까지 다양한 음식을 먹었을 거예요. 그리고
돌을 이용해 음식을 잘랐을 가능성도 있어요.

1976년에 과학자 메리 리키가 탄자니아에서 화석으로 남은 오스트랄로피테쿠스의
발자국을 발견했어요. 2015년에는 더욱 많은 발자국들이 발견되었지요. 수많은
발자국으로 미루어 볼 때 오스트랄로피테쿠스는 집단생활을 했다고
짐작할 수 있어요.

코엘로돈타

얼어 버린 유해와, 초기 인류가 그린 동굴 벽화를 보면 털코뿔소로 알려진 코엘로돈타가 어떻게 생겼는지 잘 알 수 있어요. 같은 시대에 살았던 매머드처럼, 길고 두꺼운 털로 빙하기 추운 기후에서 몸을 따뜻하게 유지했어요. 또한 귀가 작아서 열이 새 나가지 않았지요. 어깨 위의 커다란 혹에는 지방을 저장해서 먹이가 없을 때 에너지로 사용했어요.

이 털코뿔소는 기다란 코 뿔로 다른 동물의 공격을 막거나 짝을 두고 다른 수컷과 다투었어요. 뿔이 처음 발견되었을 때, 사람들은 거대한 새에게 달려 있는 발톱이라고 생각했답니다.

2020년, 꽁꽁 언 털코뿔소의 유해가 러시아의 녹은 얼음에서 발견되었어요. 유해 속에는 장기 일부도 있었다고 해요!

코엘로돈타. 신제3기에서 제4기까지, 아시아와 유럽. 털코뿔소에게는 뿔이 두 개 있었어요. 코에 있던 더 큰 뿔은 길게는 1.4미터에 이르렀답니다.

빙하기

지구의 기후는 오랜 세월에 걸쳐 변했어요. 트라이아스기에는 열대 기후로 따뜻했다가 제4기에는 빙하기가 찾아왔지요. 기후는 어떤 이유로 변했을까요? 대륙의 이동, 화산 폭발, 식물의 성장 등 많은 요인이 한꺼번에 겹쳤겠지요. 빙하기는 지구의 기온이 내려가, 빙하가 지구의 일부를 오랜 시간 뒤덮었던 시기예요. '아이스 에이지 Ice Age'로 알려진 가장 최근의 빙하기에는 동물들이 추위에 적응하며 살아야 했어요. 하지만 기온이 오르고 인간에게 사냥되는 등 여러 가지 요인이 겹치며 이 시대에 살던 많은 동물들이 멸종했어요.

눈덩이 지구
약 7억 년 전, 지구는 너무나 추워서 얼음과 눈으로 완전히 덮였던 시기가 두 번 있었어요. 이 시기를 '눈덩이 지구'라 부른답니다! 이렇게 혹독한 기후에서는 오직 단세포 생물만 살아남을 수 있었어요.

마지막 빙하기
마지막 빙하기는 지금도 지속되고 있답니다! 약 2만 1000년 전 가장 추웠을 때에는 북반구 대부분이 눈으로 덮여 있었어요. 하지만 지금은 북극과 남극에만 얼음이 남아 있지요.

고대 들소

이 거대한 초식 동물은 미국 들소의 조상이었어요. 고대 들소인 비손 안티쿠스는 북아메리카에 살다가 약 1만 년 전 멸종했답니다.

동굴사자

동굴사자였던 판테라 스펠리아는 1만 3000년 전 즈음 멸종하기 전까지 빙하기의 최상위 포식자였어요. 동굴사자는 지금은 사라지고 없지만, 현대의 사자와 밀접한 관계였답니다.

털코뿔소

코엘로돈타 또는 털코뿔소는 추위를 막을 수 있도록 두꺼운 털로 뒤덮여 있었어요. 코엘로돈타는 긴털매머드와 함께 살면서 꽁꽁 언 풀밭에서 식물을 찾아다녔답니다.

긴털매머드

긴털매머드는 아마 빙하기 동물 중에서 가장 잘 알려져 있을 거예요. 몹시 추운 북쪽 지방에 살면서, 꽁꽁 언 바다를 건너 대륙을 오갔답니다.

글립토돈

초기 인류는 텅 빈 글립토돈의 껍데기 속에 들어가 비바람을 피했을지도 몰라요.

글립토돈은 두터운 껍데기로 무장한 공룡으로 보일지도 몰라요. 사실 이 거대한 생명체는 크기가 자동차만 한 아르마딜로였어요. 둥근 뚜껑이 덮인 것 같은 몸통은 '오스테오덤 osteoderms'이라 부르는 딱딱한 골편에 뒤덮여 있었는데, 아마 굶주린 포식자의 공격을 막는 데 쓰였을 거예요. 글립토돈에게는 곤봉처럼 생긴 딱딱한 꼬리도 있었어요. 꼬리를 휘둘러서 포악한 새와 뾰족한 이빨이 달린 고양잇과 동물들을 쫓아냈지요.

글립토돈은 곤충이나 벌레를 잡아먹는 오늘날의 아르마딜로와는 다르게 초식 동물이었어요. 강력한 턱과 이빨로 땅을 파서 질긴 식물을 꺼내 먹었지요. 300만 년 전 즈음에 나타나 1만 2000년 전에 사라졌는데, 아마 음식을 노린 사람들이 지나치게 사냥을 많이 했기 때문인 것으로 보여요.

글립토돈.
신제3기에서 제4기까지,
북아메리카와 남아메리카.
두껍고 딱딱한 글립토돈의 골편은 두께가 2.5센티미터까지 되는 것도 있었어요. 그리고 서로 꼭 들어맞아 튼튼한 방패가 되어 주었지요.

스밀로돈

스밀로돈은 양치를 할 필요가 없어서 다행이었어요. 송곳니의 길이만 25센티미터나 되니, 양치를 하려면 얼마나 시간이 많이 걸렸겠어요! 단검처럼 날카로운 이빨 때문에 검치호라고도 불리는 스밀로돈은 선사 시대에 살았던 포악한 포식자였어요. 250만 년 전부터 약 1만 년 전 사이에 숲에서 살았으며, 먹잇감 뒤를 살금살금 쫓아 사냥했어요. 스밀로돈이 좋아하는 먹이로는 사슴과 들소가 있었고, 심지어 거대한 나무늘보까지 잡아먹었지요. 관목 사이에서 조용히 기다리다가 딱 알맞은 순간, 먹잇감이 알아채지도 못한 새에 풀쩍 뛰어 나왔어요. 스밀로돈은 현대의 사자보다도 두 배 더 크게 입을 벌릴 수 있어, 무는 힘이 어마어마했답니다. 하지만 태어났을 때부터 이빨이 컸던 것은 아니었어요. 새끼 때는 작은 유치였다가 어른이 되며 커다란 영구치로 바뀌었답니다.

현대의 대형 고양잇과 동물들과는 달리 스밀로돈은 수컷과 암컷이 크기가 거의 같았어요.

**스밀로돈.
신제3기에서 제4기까지,
북아메리카와 남아메리카.**
크기가 당근만 한 스밀로돈의
송곳니는 입을 다물면 밖으로
튀어나왔어요.

틸라콜레오

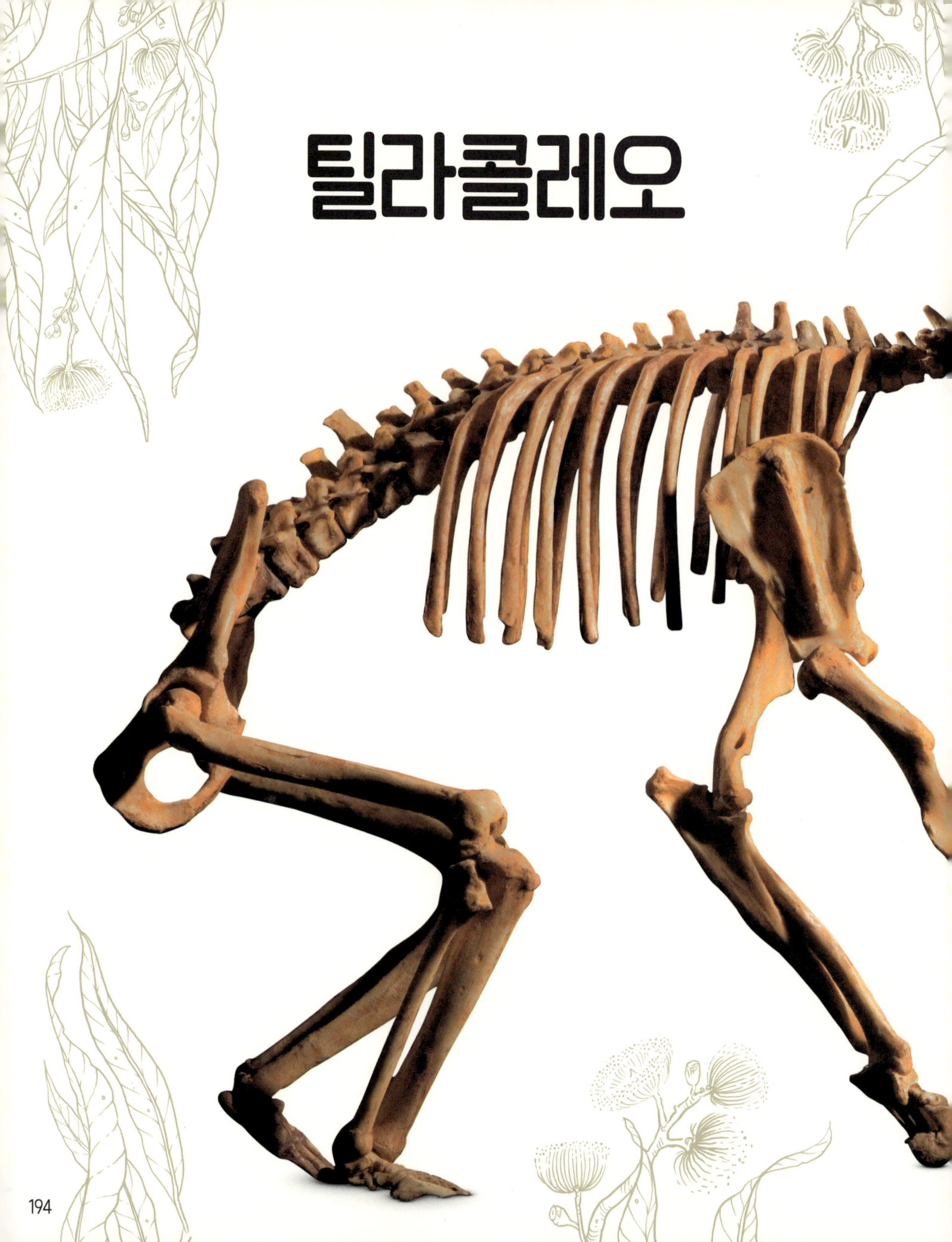

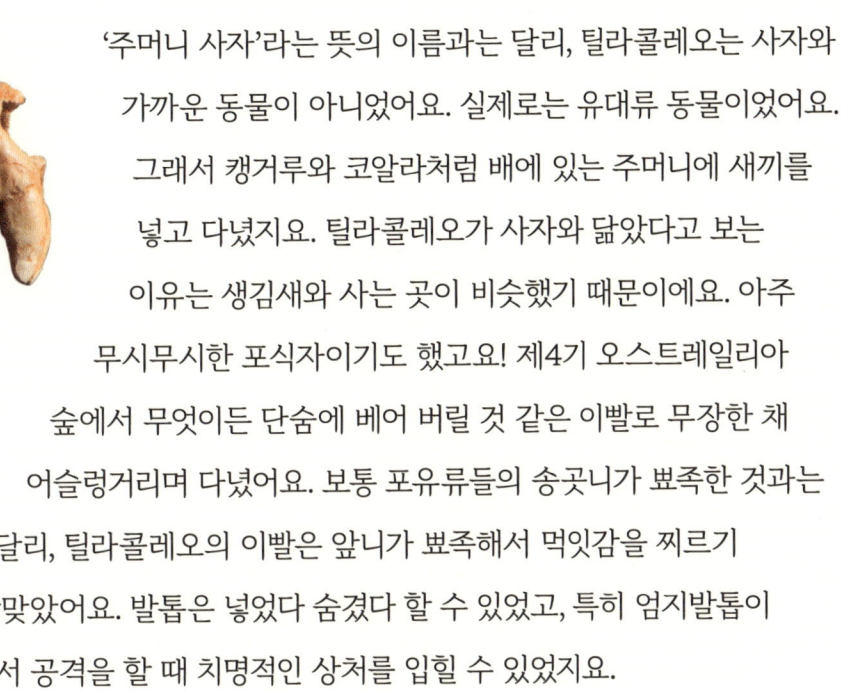

'주머니 사자'라는 뜻의 이름과는 달리, 틸라콜레오는 사자와 가까운 동물이 아니었어요. 실제로는 유대류 동물이었어요. 그래서 캥거루와 코알라처럼 배에 있는 주머니에 새끼를 넣고 다녔지요. 틸라콜레오가 사자와 닮았다고 보는 이유는 생김새와 사는 곳이 비슷했기 때문이에요. 아주 무시무시한 포식자이기도 했고요! 제4기 오스트레일리아 숲에서 무엇이든 단숨에 베어 버릴 것 같은 이빨로 무장한 채 어슬렁거리며 다녔어요. 보통 포유류들의 송곳니가 뾰족한 것과는 달리, 틸라콜레오의 이빨은 앞니가 뾰족해서 먹잇감을 찌르기 알맞았어요. 발톱은 넣었다 숨겼다 할 수 있었고, 특히 엄지발톱이 길어서 공격을 할 때 치명적인 상처를 입힐 수 있었지요.

틸라콜레오는 실제 크기에 비해 무는 힘이 가장 강력했어요.

**틸라콜레오.
제4기, 오세아니아.**
틸라콜레오는 튼튼한 팔과 강력한 턱에 비해 몸길이는 짧았어요. 화석을 조사해 보니 약 200만 년 전부터 4만 년 전까지 살았던 것으로 밝혀졌지요.

프로콥토돈

이 거대한 캥거루는 웬만한 사람들보다 컸어요. 프로콥토돈은 섰을 때 키가 대략 2미터 정도로, 역대 가장 크고도 무거운 캥거루였지요. 약 1만 5000년 전까지 오스트레일리아의 뜨거운 사막과 탁 트인 숲을 거닐며 살았답니다. 프로콥토돈은 육중한 체격 때문에 현대의 캥거루처럼 풀쩍풀쩍 뛰지는 못했을 거예요. 대신 두 다리로 걸어 다녔겠지요. 오늘날의 캥거루와 또 다른 점은 기다란 앞 발가락에 완전히 구부러진 발톱이 달려 있었다는 것이에요. 나뭇가지를 끌어당겨서 입으로 가져가기에 안성맞춤이었지요. 하지만 현대 캥거루와 비슷하게 프로콥토돈도 유대류였으며, 배에 달린 주머니에 새끼를 넣고 다녔답니다.

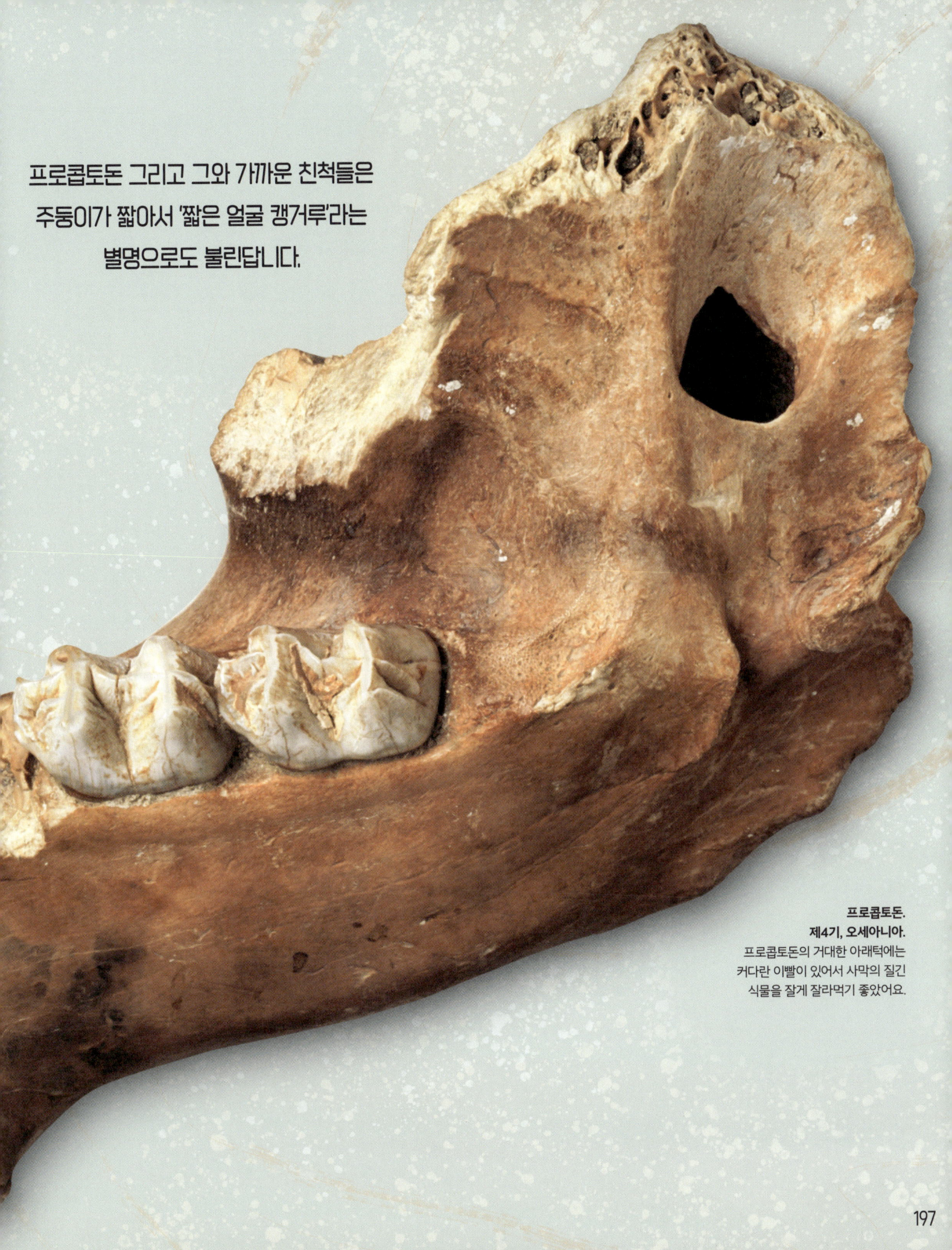

프로콥토돈 그리고 그와 가까운 친척들은 주둥이가 짧아서 '짧은 얼굴 캥거루'라는 별명으로도 불린답니다.

**프로콥토돈.
제4기, 오세아니아.**
프로콥토돈의 거대한 아래턱에는 커다란 이빨이 있어서 사막의 질긴 식물을 잘게 잘라먹기 좋았어요.

아르크토두스

아르크토두스와 그의 친척들은
주둥이가 현대의 곰보다 뭉툭했어요.
그래서 '짧은 얼굴 곰'이라고도 불린답니다.

**아르크토두스.
제4기, 북아메리카.**
아르크토두스는 코 뒤의
머리뼈에 커다란 빈 공간이
있었어요. 후각이 매우
발달했다는 것을 의미하지요.

북극곰보다도 더 컸던 200만 년 전의 아르크토두스는 역사상 가장 큰 곰이었어요. 무시무시하게 뾰족한 이빨이 달려 있었지만, 닥치는 대로 다 먹었던 잡식 동물인 것으로 최근에 밝혀졌어요. 식물과 과일은 물론, 작은 동물부터 다른 포식자들이 먹다 남긴 찌꺼기까지 무엇이든 먹어치웠지요.

약 300만 년 전, 원래 떨어져 있던 남아메리카와 북아메리카 대륙이 하나로 이어졌어요. 덕분에 동물과 식물이 두 대륙을 쉽게 오가게 되었지요. 그리하여 '아메리카 대교류 The Great American Interchange'가 일어났어요. 이 짧은 얼굴 곰은 남아메리카로 기나긴 이주를 한 동물 중 하나였으며, 안경곰을 비롯한 아르크토두스의 후손이 오늘날에도 발견되고 있답니다.

밀로돈

밀로돈과 같은 나무늘보들은 현대의 나무늘보와 비교했을 때 놀라운 점이 몇 가지 있어요. 우선 나무가 아니라 땅 위에서 살았어요. 몇몇 나무늘보는 길고 날카로운 발톱으로 굴을 깊게 팠지요. 하지만 가장 큰 차이점은 크기였어요. 땅에서 살던 나무늘보는 무척 거대한 크기를 자랑했답니다. 오늘날의 나무늘보는 무게가 5킬로그램 남짓 나가지만, 밀로돈은 1톤 넘게 자랐어요!

보존이 잘된 밀로돈의 가죽과 배설물이 발견되자 초기 탐험가들은 실제로 존재하는 동물이었는지 헷갈려 했어요. 하지만 땅에서 살던 이러한 나무늘보는 대부분 빙하기 말기에 멸종했답니다. 카리브에 살던 종 하나가 5000년 전까지 살았지만, 땅에서 지낸 이전의 나무늘보처럼 결국 완전히 사라지고 말았어요. 아마 인간에게 사냥되어 멸종한 것으로 보여요.

땅에 살던 거대한 나무늘보
메가테리움은 코끼리만큼이나
컸답니다!

**밀로돈.
제4기, 남아메리카.**
1900년대 초반, 밀로돈의 가죽 일부가 칠레의 동굴 안에서 발견되었어요.

팔레오록소돈 팔코네리

외눈박이 거인 키클로페스 신화는 팔레오록소돈 팔코네리의 머리뼈를 보고 만들어졌을 거예요.

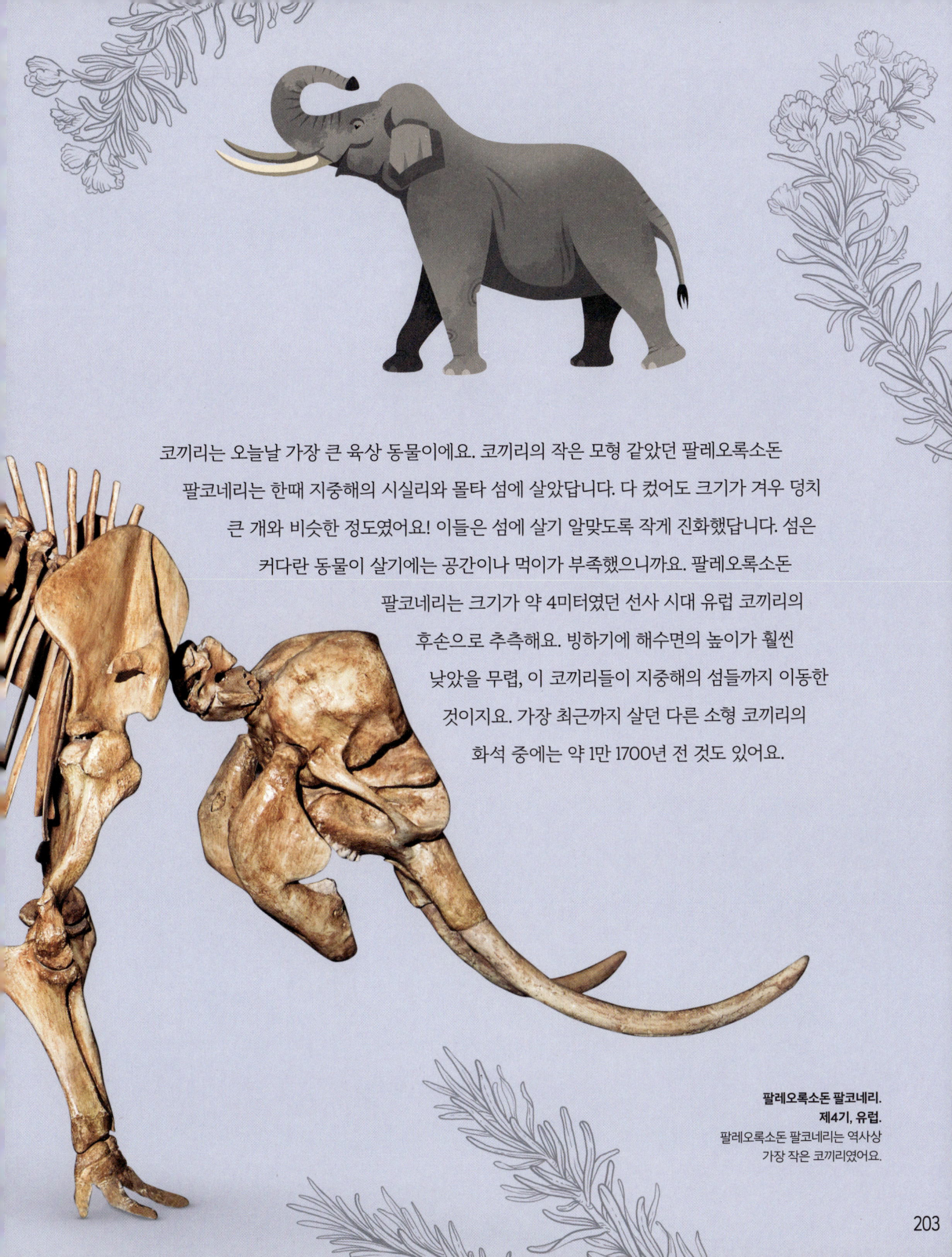

코끼리는 오늘날 가장 큰 육상 동물이에요. 코끼리의 작은 모형 같았던 팔레오룩소돈 팔코네리는 한때 지중해의 시실리와 몰타 섬에 살았답니다. 다 컸어도 크기가 겨우 덩치 큰 개와 비슷한 정도였어요! 이들은 섬에 살기 알맞도록 작게 진화했답니다. 섬은 커다란 동물이 살기에는 공간이나 먹이가 부족했으니까요. 팔레오룩소돈 팔코네리는 크기가 약 4미터였던 선사 시대 유럽 코끼리의 후손으로 추측해요. 빙하기에 해수면의 높이가 훨씬 낮았을 무렵, 이 코끼리들이 지중해의 섬들까지 이동한 것이지요. 가장 최근까지 살던 다른 소형 코끼리의 화석 중에는 약 1만 1700년 전 것도 있어요.

팔레오룩소돈 팔코네리.
제4기, 유럽.
팔레오룩소돈 팔코네리는 역사상 가장 작은 코끼리였어요.

긴털매머드

덥수룩한 털에 구부러진 엄니가 특징인 긴털매머드는 빙하기 동물로 잘 알려져 있어요. 현대의 아프리카 코끼리와 크기가 비슷한 이 거대 동물은 지구의 추운 북쪽 지역을 돌아다니며 엄니로 땅을 파서 풀을 먹었지요. 긴털매머드는 추운 환경에 잘 적응해서 살았어요. 털이 이중으로 되어 있어 체온을 유지할 수 있었고, 귀와 꼬리가 작아서 추위에 열이 새 나가지 않도록 했지요.

새끼를 비롯한 일부 긴털매머드는 얼음 속에서 거의 완벽히 보존된 채 발견되기도 했어요. 대부분의 매머드는 인간의 사냥을 견디지 못하고 빙하기 말기인 1만 500년 전에 멸종했어요. 선사 시대 사람들은 매머드 고기를 먹었고 거대한 뼈로 집을 짓기도 했답니다.

긴털매머드. 제4기, 아시아, 유럽, 북아메리카.
긴털매머드의 굽은 엄니는 최대 4.2미터까지 자랐어요. 소형 자동차와 맞먹는 길이였지요.

북극의 섬에 살던 긴털매머드 일부는 3700년 전까지 살아남았어요. 고대 이집트인들이 피라미드를 만든 이후였답니다.

다이어울프

다이어울프의 화석은 여러 개가 한꺼번에 발견될 때가 종종 있어요. 무리를 지어 함께 살며 사냥했다는 뜻이지요.

**다이어울프. 제4기,
북아메리카와 남아메리카.**
미국의 라 브레아 타르 웅덩이에서
발견되는 다이어울프의 골격 등의
화석은 끈적끈적한 타르 때문에
어두운 갈색으로 변하기도 해요.

다이어울프라고 흔히 알려진 이노사이온 다이루스는
현대의 회색늑대와 친척 관계라고 생각했어요. 하지만 최근
다이어울프의 DNA를 조사해 보니 완전히 가까운 관계는 아니라는 결론이 났지요.
두 종 모두 함께 존재했지만, 회색늑대는 지금도 지구 이곳저곳을 돌아다니며 살고
있는 반면 다이어울프는 약 1만 년 전에 멸종하고 말았어요.

다이어울프의 화석 수천 개가 미국 캘리포니아의 '라 브레아 타르 웅덩이 La Brea
Tar Pits'에서 발견되었어요. 이곳은 끈적끈적한 검은 타르 웅덩이가 있는
곳이에요. 운이 나빠 타르 수렁에 빠진 먹잇감들은 다이어울프와 같은 포식자의
구미를 당겼겠지요. 그러다 다이어울프도 함께 빠지고 말았고요. 그 후 타르가
굳으며 함께 화석으로 보존되었답니다.

큰바다쇠오리

큰바다쇠오리는 대서양 북쪽 해안에 살던 펭귄과 닮은 새였어요. 인간이 큰바다쇠오리의 따스한 깃털을 베갯속으로 쓰려고 마구 사냥을 했고, 결국 1852년에 멸종하고 말았습니다.

스텔러바다소

스텔러바다소는 코끼리와 가까운 수중 포유류였어요. 북태평양에 살았는데, 사람들이 고기와 지방을 노리고 사냥했지요. 결국 1768년에 완전히 사라졌습니다.

최근에 멸종한 동물들

이 책은 과거 지구에서 온 이상하고도 신기한 식물과 동물로 가득해요. 하지만 왜 지금은 사라지고 없는 것일까요? 어떤 동물은 멸종해서 사라지기도 해요. 모두 죽어서 단 한 마리도 남지 않는다는 말이지요. 대멸종이 일어나면 수많은 종류의 동물이 한꺼번에 사라져요. 지구 역사상 이러한 대멸종이 몇 번 일어났어요. 소행성이 지구와 충돌하여 공룡들이 사라졌던 사건도 대멸종 중 하나였답니다. 하지만 오랜 세월에 걸쳐 또 다른 이유로 멸종이 일어날 수 있어요. 이를 테면 기후 변화나 인간의 사냥 때문에, 또는 자연 서식지가 파괴되어서 일어나지요. 최근에 지구에서 사라져 버린 동물 일부를 소개할게요.

여행비둘기

여행비둘기는 북아메리카에서 흔히 볼 수 있던 새였어요. 하지만 시간이 흐르며 서식지가 파괴되고 인간들이 마구 사냥했어요. 1900년대 초반에 여행비둘기는 완전히 사라지고 말았답니다.

도도

도도는 대형 비둘기의 일종이지만 날지는 못했어요. 선원들이 도도가 살고 있던 모리셔스 섬에 도착했을 때, 쥐와 고양이 등 다른 동물들을 들여오는 바람에 도도의 둥지가 파괴되고 말았지요. 도도는 17세기가 끝날 무렵 멸종하고 말았어요.

태즈메이니아 늑대

태즈메이니아 호랑이라고도 불리는 태즈메이니아 늑대는 유대류 동물로 늑대와 닮았어요. 오세아니아 전역에 걸쳐 살았지만, 사람들에게 희생되고 말았지요. 마지막으로 남았다고 알려진 태즈메이니아 늑대는 1936년에 세상을 떠났어요.

생명의 나무

지구의 기나긴 역사를 돌이켜 보면, 온갖 놀랍고도 특이한 식물과 동물들이 이곳을 거쳐 갔어요. 이제 더 이상 존재하지 않는 생명체도 많지만, 이들 중 수많은 종들은 오늘날 육지와 물에 살고 있는 생명체의 조상이기도 해요. 생명의 나무는 이 책에 나온 다양한 생명체가 얼마나 가까운 관계인지 그리고 오늘날에도 존재하는 무리에 얼마나 많이 속해 있는지를 보여 줍니다.

포유류
조류가 아닌 공룡이 멸종한 후, 포유류의 크기는 점점 커졌고 지구 이곳저곳으로 퍼져 나갔어요. 역사상 가장 큰 포유류는 지금도 지구에 존재하는 대왕 고래랍니다.

홀수 발굽이 있는 포유류
육식 동물
코끼리
아르마딜로
나무늘보

고래

영장류
유대목

양서류
육지와 물에서 사는 양서류는 최초의 네 발 달린 동물이었어요. 알을 물속에서 낳아야 했기 때문에 물에서 멀리 떨어져 살 수는 없었답니다.

양서류

짝수 발굽이 있는 포유류

무척추동물
무척추동물은 등뼈가 없는 동물이에요. 딱딱한 골격은 없지만 몸을 보호해 주는 말랑말랑한 껍데기가 있는 동물이 많지요. 최초의 동물은 물에 사는 무척추동물이었어요.

이매패류

극피동물

산호류

벨렘나이트
암모나이트

삼엽충
다지류
유립테루스
곤충

미생물
지구의 가장 초기 생명체는 박테리아처럼 세포가 하나밖에 없던 아주 작은 생물이었답니다. 어떤 미생물은 화폐석처럼 접시만큼 커지기도 했어요.

화폐석

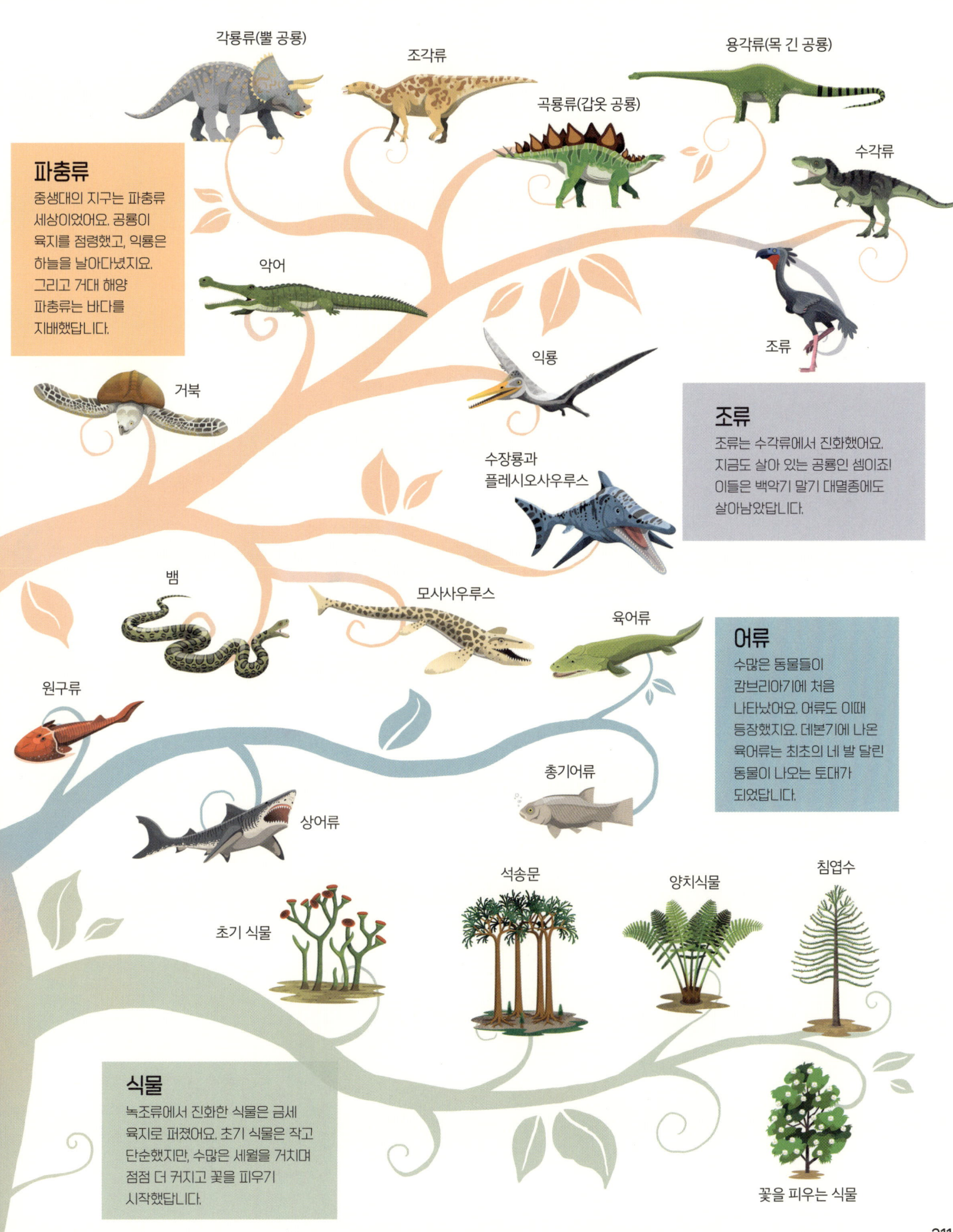

이름의 뜻 알아보기

곰포테리움
Gomphotherium
맞물린 짐승. 곰포테리움의 아래 엄니는 서로 '맞물려' 있어요.

공자새
Confuciusornis
공자(중국 철학자)의 새.

글립토돈
Glyptodon
홈이 있는 이빨

기라파티탄
Giraffatitan
거대 기린

다이어울프
Aenocyon dirus
끔찍한 늑대

데이노케이루스
Deinocheirus
무시무시한 손

둔클레오스테우스
Dunkleosteus
고생물학자인 둔클의 이름을 따서 지었어요.

디메트로돈
Dimetrodon
두 가지 크기의 이빨

디킨소니아
Dickinsonia
지질학자인 디킨슨의 이름을 따서 지었어요.

디플로도쿠스
Diplodocus
기둥 두 개. 디플로도쿠스의 꼬리에는 기다란 돌기 또는 '기둥'이 있었어요.

레피도테스
Lepidotes
비늘이 있는

리오플레우로돈
Liopleurodon
매끈한 면이 있는 이빨

마소스폰딜루스
Massospondylus
긴 척추뼈

마이아사우라
Maiasaura
좋은 어미 도마뱀

메가네우라
Meganeura
커다란 신경. 메가네우라에게는 날개에 커다란 정맥 또는 '신경'이 있었어요.

메갈로돈
Otodus megalodon
귀 모양 이빨, 커다란 이빨

모르가누코돈
Morganucodon
글로머건의 이빨. 글로모건은 영국 웨일스 주에 있는 지역이에요.

무타부라사우루스
Muttaburrasaurus
무타부라의 도마뱀. 무타부라는 오스트레일리아에 있는 마을이에요.

미니
Mene 강한

밀로돈
Mylodon 어금니

바실로사우루스
Basilosaurus
왕 도마뱀

벨로키랍토르
Velociraptor
날쌘 약탈자

비손 안티쿠스
Bison antiquus
고대 들소

사르코수쿠스
Sarcosuchus
악어의 몸

세이무리아
Seymouria
'시모어에서 온'이라는 뜻으로 시모어는 미국 텍사스 주에 있는 도시예요.

스밀로돈
Smilodon
메스(수술용 칼) 같은 이빨

스키아도피테온
Sciadophyton
그늘이 드리운 식물

스테고사우루스
Stegosaurus
지붕 도마뱀

스테노프테리기우스
Stenopterygius
좁은 지느러미

스트로마톨라이트
Stromatolite
층이 있는 암석

스티라코사우루스
Styracosaurus
가시 돋친 도마뱀

스피노사우루스
Spinosaurus
가시 도마뱀

시노사우롭테릭스
Sinosauropteryx
중국의 날개 달린 도마뱀

시조새
Archaeopteryx
고대의 날개

아노말로카리스
Anomalocaris
이상한 새우

아라우카리아 미라빌리스
Araucaria mirabilis
아라우코에서 온 신비한 생물

아라우카리옥실론
Araucarioxylon
아라우코 숲에서 온

아르케론
Archelon
지배하는 거북

아르크토두스
Arctodus
곰의 이빨

아르카에오테리움
Archaeotherium
고대의 짐승

아르카이오프테리스
Archaeopteris
고대의 양치식물

아르트로플레우라
Arthropleura
마디로 된 갈비뼈

아비쿠로펙텐
Aviculopecten 가리비

알로사우루스
Allosaurus
다른 도마뱀

에드몬토사우루스
Edmontosaurus
에드먼턴의 도마뱀. 에드먼턴은 캐나다의 도시예요.

에리옵스
Eryops 핼쑥한 얼굴

에오드로메우스
Eodromaeus
새벽에 달리는 자

엘라스모사우루스
Elasmosaurus
얇은 접시 같은 도마뱀

오르니토미무스
Ornithomimus
새를 흉내 내다

오비랍토르
Oviraptor 알 도둑

오스트랄라스터
Australaster
남쪽의 별

오스트랄로피테쿠스
Australopithecus
남쪽의 유인원

오파비니아
Opabinia
'오파빈에서 온'이라는 뜻으로 오파빈 길은 캐나다에 있어요.

옥시노티세라스
Oxynoticeras
등이 뾰족한 뿔

우인타테리움
Uintatherium
유인타의 짐승. 유인타 산은 미국에 있어요.

위왁시아
Wiwaxia
'위왁시아에서 온'이라는 뜻으로 위왁시아 봉우리는 캐나다에 있어요.

유오플로케팔루스
Euoplocephalus
무장을 단단히 한 머리

유립테루스
Eurypterus 넓은 노

유스테놉테론
Eusthenopteron
튼튼한 지느러미

이
Yi 날개

이구아노돈
Iguanodon
이구아나 이빨

이크티오스테가
Ichthyostega
지붕 물고기

인목
Lepidodendron
비늘이 있는 나무

칼라미테스
Calamites 갈대

케팔라스피스
Cephalaspis
방패 머리

켄트로사우루스
Kentrosaurus
가시 달린 도마뱀

코엘로돈타
Coelodonta
텅 빈 이빨

쿡소니아
Cooksonia
고생물학자인 쿡슨의 이름을 따서 지었어요.

크리올로포사우루스
Cryolophosaurus
냉혈한 볏 도마뱀

테리지노사우루스
Therizinosaurus
큰 낫이 달린 도마뱀

토다이티즈
Todites
토드라는 학자의 이름을 따서 지었어요.

트리케라톱스
Triceratops
뿔이 세 개 달린 얼굴

티라노사우루스
Tyrannosaurus
폭군 도마뱀

티타노보아
Titanoboa
거대한 보아

틱타알릭
Tiktaalik
커다란 민물고기

틸라콜레오
Thylacoleo
주머니 사자

파라사우롤로푸스
Parasaurolophus
볏이 있는 도마뱀(사우롤로푸스)과 가까운

파키케팔로사우루스
Pachycephalosaurus
머리가 두꺼운 도마뱀

파타고티탄
Patagotitan
파타고니아의 거인

판테라 스펠리아
Panthera spelaea
동굴에 사는 커다란 고양이

팔레오록소돈 팔코네리
Palaeoloxodon falconeri
고대의 코끼리

포루스라코스
Phorusrhacos
주름이 있는 자

폴라칸투스
Polacanthus
가시가 많은

프로콥토돈
Procoptodon
툭 튀어나온 이빨

프시타코사우루스
Psittacosaurus
앵무새 도마뱀

프테로닥틸루스
Pterodactylus
날개 달린 손가락

플로리산티아
Florissantia
'플로리산트에서 온'이라는 뜻으로, 플로리산트는 미국 콜로라도 주에 있는 마을이에요.

플리오플라테카르푸스
Plioplatecarpus
더 납작한 손목

할루키게니아
Hallucigenia
마음이 혼란스러운

하이코우이크티스
Haikouichthys
하이커우 물고기. 하이커우는 중국의 도시예요.

헤레라사우루스
Herrerasaurus
그리스 신화에 나오는 여신인 헤라의 이름을 따서 지었어요.

헤스페로니스
Hesperornis 서쪽의 새

헬리오바티스
Heliobatis 태양 광선

헬리오파일룸
Heliophyllum
빛을 충분히 받고 자란 잎

헬리코프리온
Helicoprion
소용돌이 모양 톱

화폐석
Nummulite 작은 동전

용어 풀이

고생물학자 선사 시대의 생명을 연구하는 과학자.

곤충 절지동물의 일종으로, 다리가 여섯 개이고 몸통이 머리, 가슴, 배로 나뉘어요. 대부분의 곤충이 날개가 있어 날 수 있어요.

골편 동물의 가죽에서 볼 수 있는 뼈로, 다른 동물의 공격을 막는 역할을 했어요. 안킬로사우루스에게는 등에 아주 많은 골편이 있어서 방패처럼 쓰였답니다.

공룡 파충류의 일종으로 공룡을 가리키는 영어 단어 Dinosaur는 '무시무시한 도마뱀'이라는 뜻이에요. 몸 위로 앞다리를 똑바로 들 수 있었고 딱딱한 껍질로 된 알을 낳았어요. 조류도 공룡이랍니다.

광합성 식물이 태양으로부터 에너지를 받아 영양을 만드는 과정.

기후 어떤 지역에 오랫동안 유지되는 날씨.

대멸종 짧은 시간 동안 여러 수많은 종이 사라져 버리는 것. 예를 들어 백악기 말기에는 소행성과 지구가 충돌하여 조류를 제외한 공룡들이 모두 사라지고 말았어요.

멸종 종이 완전히 죽어 버리는 것. 어떤 생명체가 멸종하면 지구에 그 생명체 가운데는 남은 개체가 없게 되어요.

모사사우루스 멸종한 해양 파충류로, 목이 짧고 머리가 크며 물갈퀴가 달려 있었어요.

무척추동물 등뼈가 없는 동물.

변태 동물이 자라면서 다른 형태로 바뀌는 것. 애벌레가 나비로 변하는 것이 대표적인 예이지요.

볏 일부 동물의 머리에 돋은 장식. 보통 짝에게 보여 주는 데 쓰이고, 밝고 알록달록한 빛깔을 띠기도 했어요.

보존 원래의 모형이 썩거나 부식하지 않도록 잘 보호하는 것.

부화 알을 따스하게 감싸서 알 속에 있는 새끼가 자라게 하는 것.

빙하기 지구 대부분이 얼음으로 덮여 있던 시기. 마지막 빙하기를 '아이스 에이지 Ice Age'라 일컬어요.

삼엽충 지금은 멸종한 절지동물의 일종. 몸통이 세로로 삼등분 되어 있었어요.

생명체 식물과 동물처럼 살아 있는 것.

선사 시대 기록이 있기 전의 시대.

송곳니 포유류의 입 안에 있는 뾰족한 이빨. 주로 먹이를 잡거나 찌르거나 잘게 찢을 때 이용해요. 어떤 동물의 송곳니는 커다란 엄니가 되기도 해요.

시대 일정한 시간 단위로 수백만 년 동안 지속되어요. 시대는 시기로 나뉠 수 있어요.

아가미 수중 생물에서 볼 수 있는 기관이에요. 아가미로 물속에 있는 산소를 들이마셔요.

암모나이트 껍데기가 있는 무척추동물로 지금은 멸종했어요. 대부분은 껍데기가 소용돌이 모양이지만, 직선이나 구불구불한 모양도 있어요.

야행성 밤에 활동하는 동물을 일컫는 말.

양서류 새끼 때에는 물에서 살지만 다 자라면 육지에서도 살 수 있는 척추동물. 최초의 양서류는 약 3억 7000만 년 전에 등장했어요.

어룡 '물고기 도마뱀'이라는 뜻의 파충류로, 지금은 멸종했어요. 바다에 살았고 돌고래와 닮은 어룡이 많았답니다.

어류 지느러미와 비늘이 있으며 물에 사는 척추동물. 최초의 어류는 5억 3000만 년 즈음에 나타났어요.

엄니 일부 포유류의 입에서 길게 튀어나온 이빨.

연체동물 오징어와 암모나이트, 조개류처럼 몸통이 말랑말랑한 무척추동물. 대체로 몸을 보호해 주는 딱딱한 껍데기가 있어요.

위석 배 속에서 발견되는 돌. 음식을 소화시키는 데 도움을 주었어요.

유대류 포유류의 일종으로 주머니에 새끼를 넣고 다녀요.

유인원 꼬리가 없는 대형 영장류.

육식 동물 고기만 먹는 동물.

이매패 조개 두 개의 맞물리는 껍데기가 있는 조개. 안에는 말랑말랑한 몸통이 있어요.

익룡 박쥐처럼 날개가 있어 하늘을 날던 파충류의 일종으로, 지금은 멸종했어요.

잡식 식물과 다른 동물을 가리지 않고 모두 먹는 것.

절지동물 무척추동물의 일종으로 몸이 마디로 나뉘어 있어요. 곤충과 전갈류, 삼엽충이 절지동물에 속해요.

조류 깃털과 부리가 있는 척추동물. 최초의 새는 약 1억 6000만 년 전에 나타났어요. 현재 유일하게 살아남은 공룡이랍니다.

종 특성이 같은 생명체를 묶은 집단. 같은 종에 속한 동물끼리 번식할 수 있어요.

주름 장식 머리에서 뻗어 나온 커다란 주름 장식은 아마도 밝은 색깔을 입혀 뽐내는 데 쓰였을 거예요.

진화 오랜 시간에 걸쳐 특정한 종이 변하는 과정. 진화는 아주 많이 변해서 완전히 새로운 종이 나올 때까지 진행되어요.

척추 동물의 등에 있는 뼈.

초식 동물 풀만 먹고 사는 동물.

파충류 중생대의 지구는 파충류 세상이었어요. 공룡이 육지를 점령했고, 익룡은 하늘을 날아다녔지요. 그리고 거대 해양 파충류는 바다를 지배했답니다.

폐 육지 동물에게서 볼 수 있는 기관으로, 공기 중에 있는 산소를 들이마시는 곳이에요.

포식 동물 다른 동물을 잡아먹는 동물.

포유류 털이 있는 척추동물로, 젖을 먹여 새끼를 키워요. 약 2억 2500만 년 전에 처음 등장했어요.

플리오사우루스 멸종한 해양 파충류의 일종으로, 목이 짧고 머리가 크며 물갈퀴가 달려 있었어요.

홀씨(포자) 식물과 균류가 만드는 아주 작은 생식 물질. 새로운 개체로 자랄 수 있어요.

화석 과거에 살았던 생명체의 뼈나 흔적이 보존된 것. 뼈, 가죽, 신체의 일부가 '신체 화석'이 되고, 발자국이나 배설물, 굴, 그 밖에 여러 삶의 흔적이 '흔적 화석'이 되어요.

그림으로 보는 고생물

스트로마톨라이트 6쪽
분류: 세균
높이: 1미터
살던 곳: 전 세계
시기: 선캄브리아기부터 현재까지
연대: 35억 년 전부터 현재까지

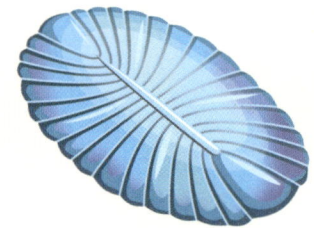

디킨소니아 8쪽
분류: 무척추동물
몸길이: 1.4미터
살던 곳: 아시아, 유럽, 오세아니아
시기: 선캄브리아기
연대: 5억 6700만 년 전부터 5억 5000만 년 전까지

아노말로카리스 10쪽
분류: 무척추동물
몸길이: 1미터
살던 곳: 아시아, 북아메리카, 오세아니아
시기: 캄브리아기
연대: 5억 2000만 년 전부터 5억 년 전까지

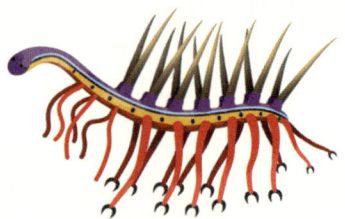

할루키게니아 14쪽
분류: 무척추동물
몸길이: 5.5센티미터
살던 곳: 아시아와 북아메리카
시기: 캄브리아기
연대: 5억 1000만 년 전

쿡소니아 16쪽
분류: 식물
높이: 3센티미터
살던 곳: 전 세계
시기: 실루리아기에서 데본기
연대: 4억 3300만 년 전부터 3억 9300만 년 전까지

유립테루스 18쪽
분류: 무척추동물
몸길이: 60센티미터
살던 곳: 북아메리카
시기: 실루리아기
연대: 4억 3200만 년 전부터 4억 1800만 년 전까지

오스트랄라스터 20쪽
분류: 무척추동물
몸길이: 2.5센티미터
살던 곳: 오세아니아
시기: 실루리아기
연대: 4억 3000만 년 전

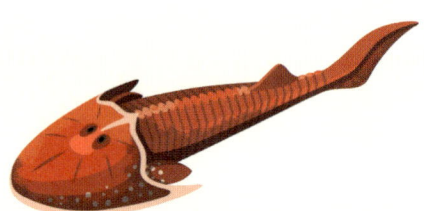

케팔라스피스 22쪽
분류: 어류
몸길이: 25센티미터
살던 곳: 유럽과 북아메리카
시기: 데본기
연대: 4억 년 전

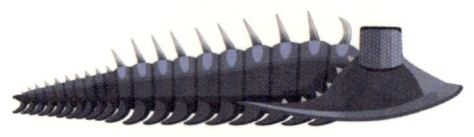

에르베노킬레 24쪽
분류: 무척추동물
몸길이: 4.5센티미터
살던 곳: 아프리카
시기: 데본기
연대: 4억 년 전

아르카이오프테리스 26쪽
분류: 식물
높이: 24미터
살던 곳: 전 세계
시기: 데본기에서 석탄기까지
연대: 3억 8500만 년 전부터 3억 2300만 년 전까지

헬리오파일룸 28쪽
분류: 무척추동물
몸통 높이: 15센티미터
살던 곳: 아프리카, 북아메리카, 남아메리카
시기: 데본기
연대: 3억 8000만 년 전

둔클레오스테우스 30쪽
분류: 어류
몸길이: 9미터
살던 곳: 전 세계
시기: 데본기
연대: 3억 8000만 년 전부터 3억 6000만 년 전까지

틱타알릭 32쪽
분류: 어류
몸길이: 2.7미터
살던 곳: 북아메리카
시기: 데본기
연대: 3억 7500만 년 전

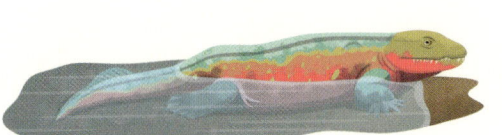
이크티오스테가 34쪽
분류: 어류
몸길이: 1.5미터
살던 곳: 북아메리카
시기: 데본기
연대: 3억 7000만 년 전부터 3억 6000만 년 전까지

아비쿠로펙텐 38쪽
분류: 무척추동물
몸길이: 15센티미터
살던 곳: 전 세계
시기: 데본기에서 트라이아스기
연대: 43억 6000만 년 전부터 2억 년 전까지

인목 40쪽
분류: 식물
높이: 50미터
살던 곳: 전 세계
시기: 석탄기
연대: 3억 6000만 년 전부터 3억 년 전까지

칼라미테스 42쪽
분류: 식물
높이: 50미터
살던 곳: 전 세계
시기: 석탄기
연대: 3억 5000만 년 전부터 3억 년 전까지

아르트로플레우라 44쪽
분류: 무척추동물
몸길이: 2.5미터
살던 곳: 유럽과 북아메리카
시기: 석탄기
연대: 3억 2000만 년 전부터 2억 9900만 년 전까지

메가네우라 46쪽
분류: 무척추동물
날개 너비: 1미터
살던 곳: 유럽
시기: 석탄기
연대: 3억 500만 년 전부터 2억 9900만 년 전까지

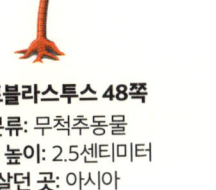
델토블라스투스 48쪽
분류: 무척추동물
몸통 높이: 2.5센티미터
살던 곳: 아시아
시기: 페름기
연대: 2억 9800만 년 전부터 2억 5200만 년 전까지

디메트로돈 50쪽
분류: 포유류의 조상
몸길이: 4.6미터
살던 곳: 유럽과 북아메리카
시기: 페름기
연대: 2억 9500만 년 전부터 2억 7200만 년 전까지

세이무리아 52쪽
분류: 양서류
몸길이: 60센티미터
살던 곳: 유럽과 북아메리카
시기: 페름기
연대: 2억 9000만 년 전부터 2억 7500만 년 전까지

헬리코프리온 54쪽
분류: 어류
몸길이: 10미터
살던 곳: 전 세계
시기: 페름기
연대: 2억 8000만 년 전부터 2억 7000만 년 전까지

토다이티즈 56쪽
분류: 식물
높이: 1미터
살던 곳: 아시아와 유럽
시기: 페름기에서 쥐라기
연대: 2억 6000만 년 전부터 1억 6000만 년 전까지

아라우카리옥실론 60쪽
분류: 식물
높이: 60미터
살던 곳: 북아메리카
시기: 트라이아스기
연대: 2억 5000만 년 전

헤레라사우루스 62쪽
분류: 파충류
몸길이: 6미터
살던 곳: 남아메리카
시기: 트라이아스기
연대: 2억 3000만 년 전

모르가누코돈 66쪽
분류: 포유류
몸길이: 10센티미터
살던 곳: 아시아와 유럽
시기: 트라이아스기에서 쥐라기까지
연대: 2억 500만 년 전부터 1억 8000만 년 전까지

옥시노티세라스 68쪽
분류: 무척추동물
몸길이: 80센티미터
살던 곳: 유럽과 북아메리카
시기: 쥐라기
연대: 2억 년 전부터 1억 9000만 년 전까지

크리올로포사우루스 70쪽
분류: 파충류
몸길이: 6.5미터
살던 곳: 남극
시기: 쥐라기
연대: 1억 9400만 년 전부터 1억 8800만 년 전까지

마소스폰딜루스 72쪽
분류: 파충류
몸길이: 6미터
살던 곳: 아프리카
시기: 쥐라기
연대: 1억 9000만 년 전

스테노프테리기우스 74쪽
분류: 파충류
몸길이: 4미터
살던 곳: 유럽
시기: 쥐라기
연대: 1억 8500만 년 전부터 1억 7000만 년 전까지

레피도테스 76쪽
분류: 어류
몸길이: 30센티미터
살던 곳: 전 세계
시기: 쥐라기에서 백악기까지
연대: 1억 8000만 년 전부터 9400만 년 전까지

리오플레우로돈 78쪽
분류: 파충류
몸길이: 7미터
살던 곳: 유럽
시기: 쥐라기
연대: 1억 6600만 년 전부터 1억 5500만 년 전까지

아라우카리아 미라빌리스 80쪽
분류: 식물
높이: 100미터
살던 곳: 남아메리카
시기: 쥐라기
연대: 1억 6000만 년 전

이 82쪽
분류: 파충류
몸길이: 60센티미터
살던 곳: 아시아
시기: 쥐라기
연대: 1억 5900만 년 전

알로사우루스 84쪽
분류: 파충류
몸길이: 10미터
살던 곳: 북아메리카
시기: 쥐라기
연대: 1억 5600만 년 전부터 1억 5000만 년 전까지

스테고사우루스 86쪽
분류: 파충류
몸길이: 9미터
살던 곳: 유럽과 북아메리카
시기: 쥐라기
연대: 1억 5500만 년 전부터 1억 5000만 년 전까지

디플로도쿠스 90쪽
분류: 파충류
몸길이: 26미터
살던 곳: 북아메리카
시기: 쥐라기
연대: 1억 5500만 년 전부터 1억 5000만 년 전까지

프테로닥틸루스 92쪽
분류: 파충류
날개 너비: 1미터
살던 곳: 유럽
시기: 쥐라기
연대: 1억 5500만 년 전부터 1억 4800만 년 전까지

켄트로사우루스 94쪽
분류: 파충류
몸길이: 5미터
살던 곳: 아프리카
시기: 쥐라기
연대: 1억 5200만 년 전

시조새 96쪽
분류: 파충류
몸길이: 50센티미터
살던 곳: 유럽
시기: 쥐라기
연대: 1억 5000만 년 전

사르코수쿠스 98쪽
분류: 파충류
몸길이: 9.5미터
살던 곳: 아프리카와 남아메리카
시기: 백악기
연대: 1억 3300만 년 전부터 1억 1200만 년 전까지

폴라칸투스 100쪽
분류: 파충류
몸길이: 5미터
살던 곳: 유럽
시기: 백악기
연대: 1억 3000만 년 전부터 1억 2500만 년 전까지

이구아노돈 102쪽
분류: 파충류
몸길이: 12미터
살던 곳: 유럽
시기: 백악기
연대: 1억 2500만 년 전

프시타코사우루스 106쪽
분류: 파충류
몸길이: 2미터
살던 곳: 아시아
시기: 백악기
연대: 1억 2500만 년 전부터 1억 2000만 년 전까지

공자새 108쪽
분류: 조류
몸길이: 50센티미터
살던 곳: 아시아
시기: 백악기
연대: 1억 2500만 년 전부터 1억 2000만 년 전까지

시노사우롭테릭스 110쪽
분류: 파충류
몸길이: 1미터
살던 곳: 아시아
시기: 백악기
연대: 1억 2000만 년 전

무타부라사우루스 112쪽
분류: 파충류
몸길이: 7미터
살던 곳: 오세아니아
시기: 백악기
연대: 1억 1000만 년 전부터 1억 년 전까지

네오히볼라이트 114쪽
분류: 무척추동물
몸길이: 15센티미터
살던 곳: 전 세계
시기: 백악기
연대: 1억 년 전

파타고티탄 116쪽
분류: 파충류
몸길이: 31미터
살던 곳: 남아메리카
시기: 백악기
연대: 1억 년 전부터 9500만 년 전까지

목련 120쪽
분류: 식물
높이: 30미터
살던 곳: 전 세계
시기: 백악기에서 현재까지
연대: 1억 년 전부터 현재까지

스피노사우루스 122쪽
분류: 파충류
몸길이: 16미터
살던 곳: 아프리카
시기: 백악기
연대: 9900만 년 전부터 9400만 년 전까지

헤스페로르니스 124쪽
분류: 조류
몸길이: 1.8미터
살던 곳: 북아메리카
시기: 백악기
연대: 8400만 년 전부터 7800만 년 전까지

엘라스모사우루스 126쪽
분류: 파충류
몸길이: 10미터
살던 곳: 북아메리카
시기: 백악기
연대: 8000만 년 전

마이아사우라 128쪽
분류: 파충류
몸길이: 9미터
살던 곳: 북아메리카
시기: 백악기
연대: 7700만 년 전

파라사우롤로푸스 130쪽
분류: 파충류
몸길이: 9.5미터
살던 곳: 북아메리카
시기: 백악기
연대: 7600만 년 전

유오플로케팔루스 132쪽
분류: 파충류
몸길이: 5.5미터
살던 곳: 북아메리카
시기: 백악기
연대: 7600만 년 전부터 7400만 년 전까지

오르니토미무스 134쪽
분류: 파충류
몸길이: 3.5미터
살던 곳: 북아메리카
시기: 백악기
연대: 7600만 년 전부터 6600만 년 전까지

벨로키랍토르 136쪽
분류: 파충류
몸길이: 2미터
살던 곳: 아시아
시기: 백악기
연대: 7500만 년 전

아르케론 138쪽
분류: 파충류
몸길이: 4.6미터
살던 곳: 북아메리카
시기: 백악기
연대: 7500만 년 전

스티라코사우루스 140쪽
분류: 파충류
몸길이: 5.5미터
살던 곳: 북아메리카
시기: 백악기
연대: 7500만 년 전

오비랍토르 144쪽
분류: 파충류
몸길이: 1.6미터
살던 곳: 아시아
시기: 백악기
연대: 7500만 년 전부터 7100만 년 전까지

플리오플라테카르푸스 146쪽
분류: 파충류
몸길이: 5.5미터
살던 곳: 유럽과 북아메리카
시기: 백악기
연대: 7300만 년 전부터 6800만 년 전까지

에드몬토사우루스 148쪽
분류: 파충류
몸길이: 12미터
살던 곳: 북아메리카
시기: 백악기
연대: 7300년 전부터 6600만 년 전까지

데이노케이루스 150쪽
분류: 파충류
몸길이: 11미터
살던 곳: 아시아
시기: 백악기
연대: 7000만 년 전

파키케팔로사우루스 152쪽
분류: 파충류
몸길이: 4미터
살던 곳: 북아메리카
시기: 백악기
연대: 7000만 년 전부터 6600만 년 전까지

트리케라톱스 154쪽
분류: 파충류
몸길이: 9미터
살던 곳: 북아메리카
시기: 백악기
연대: 6800만 년 전부터 6600만 년 전까지

티라노사우루스 156쪽
분류: 파충류
몸길이: 13미터
살던 곳: 북아메리카
시기: 백악기
연대: 6800만 년 전부터 6600만 년 전까지

화폐석 160쪽
분류: 단세포 생물
몸길이: 16센티미터
살던 곳: 전 세계
시기: 고제3기에서 현재까지
연대: 6600만 년 전부터 현재까지

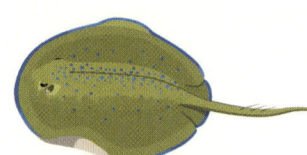

티타노보아 162쪽
분류: 파충류
몸길이: 13미터
살던 곳: 남아메리카
시기: 고제3기
연대: 6000만 년 전부터 5800만 년 전까지

헬리오바티스 164쪽
분류: 어류
몸길이: 90센티미터
살던 곳: 북아메리카
시기: 고제3기
연대: 5500만 년 전부터 4400만 년 전까지

미니 166쪽
분류: 어류
몸길이: 30센티미터
살던 곳: 전 세계
시기: 고제3기에서 현재까지
연대: 5500만 년 전부터 현재까지

플로리산티아 168쪽
분류: 식물
높이: 5센티미터
살던 곳: 북아메리카
시기: 고제3기
연대: 5200만 년 전부터 2300만 년 전까지

바실로사우루스 170쪽
분류: 포유류
몸길이: 20미터
살던 곳: 아프리카와 북아메리카
시기: 고제3기
연대: 4100만 년 전부터 3300만 년 전까지

우인타테리움 172쪽
분류: 포유류
몸길이: 4미터
살던 곳: 아시아와 북아메리카
시기: 고제3기
연대: 4000만 년 전

아르카에오테리움 174쪽
분류: 포유류
몸길이: 2미터
살던 곳: 북아메리카
시기: 고제3기
연대: 3400만 년 전부터 2500만 년 전까지

호박 속 각다귀 176쪽
분류: 무척추동물
몸길이: 8밀리미터
살던 곳: 유럽
시기: 고제3기
연대: 3000만 년 전

포루스라코스 178쪽
분류: 조류
몸길이: 2.5미터
살던 곳: 남아메리카
시기: 신제3기
연대: 2000만 년 전부터 1300만 년 전까지

메갈로돈 180쪽
분류: 어류
몸길이: 18미터
살던 곳: 전 세계
시기: 신제3기
연대: 1600만 년 전부터 360만 년 전까지

곰포테리움 182쪽
분류: 포유류
몸길이: 3.2미터
살던 곳: 아프리카, 아시아, 유럽, 북아메리카
시기: 신제3기
연대: 1300만 년 전부터 500만 년 전까지

오스트랄로피테쿠스 184쪽
분류: 포유류
높이: 1.4미터
살던 곳: 아프리카
시기: 신제3기
연대: 400만 년 전부터 200만 년 전까지

코엘로돈타 186쪽
분류: 포유류
몸길이: 4미터
살던 곳: 아시아와 유럽
시기: 신제3기에서 제4기까지
연대: 400만 년 전부터 1만 년 전까지

글립토돈 190쪽
분류: 포유류
몸길이: 3미터
살던 곳: 북아메리카와 남아메리카
시기: 신제3기에서 제4기까지
연대: 300만 년 전부터 1만 2000년까지

스밀로돈 192쪽
분류: 포유류
몸길이: 2미터
살던 곳: 북아메리카와 남아메리카
시기: 신제3기에서 제4기까지
연대: 250만 년 전부터 1만 년 전까지

틸라콜레오 194쪽
분류: 포유류
몸길이: 1.5미터
살던 곳: 오세아니아
시기: 제4기
연대: 200만 년 전부터 4만 년 전까지

프로콥토돈 196쪽
분류: 포유류
높이: 2미터
살던 곳: 오세아니아
시기: 제4기
연대: 200만 년 전부터 1만 5000년 전까지

아르크토두스 198쪽
분류: 포유류
몸길이: 1.8미터
살던 곳: 북아메리카
시기: 제4기
연대: 200만 년 전부터 1만 1000년 전까지

밀로돈 200쪽
분류: 포유류
몸길이: 3미터
살던 곳: 남아메리카
시기: 제4기
연대: 180만 년 전부터 1만 년 전까지

팔레오록소돈 팔코네리 202쪽
분류: 포유류
높이: 1미터
살던 곳: 유럽
시기: 제4기
연대: 80만 년 전

긴털매머드 204쪽
분류: 포유류
몸길이: 4미터
살던 곳: 아시아, 유럽, 북아메리카
시기: 제4기
연대: 20만 년 전부터 3700년 전 까지

다이어울프 204쪽
분류: 포유류
몸길이: 1.5미터
살던 곳: 북아메리카와 남아메리카
시기: 제4기
연대: 12만 5000년 전부터 1만 년 전까지

100가지 사진으로 보는
공룡과 멸종 생물

1판 1쇄 발행 2024년 11월 15일
지은이 아뉴수야 친세이미-투란
그린이 다니엘 롱, 안젤라 리자
옮긴이 김미선
감수 이정모

펴낸곳 (주)도서출판 책과함께
주소 서울시 마포구 동교로 70 소와소빌딩 2층
전화 02-335-1982 **팩스** 02-335-1316
전자우편 prpub@daum.net
블로그 blog.naver.com/prpub
등록 2003년 4월 3일 제2003-000392호
ISBN 979-11-92913-93-3 73490
ISBN 979-11-92913-27-8 (세트)

이 책의 한국어판 저작권은 영국 'Dorling Kindersley'와의 독점 계약으로 (주)도서출판 책과함께가 소유합니다. 저작권법에 의하여 한국 내에서 보호를 받는 저작물이므로 무단 전재 및 복제를 금합니다.

Dinosaurs And Other Prehistoric Life
First published in Great Britain in 2021 by
Dorling Kindersley Limited
DK, One Embassy Gardens, 8 Viaduct Gardens,
London, SW11 7BW

Copyright©Dorling Kindersley Limited, 2021
A Penguin Random House Company
All rights reserved.
Korean Translation Copyright©CUM LIBRO 2024
Printed and bound in China

www.dk.com

지은이 **아뉴수야 친세이미-투란**
남아프리카 공화국의 고생물학자이자 선사 시대와 현대 동물의 뼈를 분석하는 전문가이기도 합니다. 공룡과 선사 시대 생명체들에 대한 여러 논문과 어린이 책을 써 왔으며, 과학을 주제로 소통하기를 좋아한답니다.

그린이 **다니엘 롱**
다니엘 롱은 어렸을 때 야생 동물에 푹 빠져 살았습니다. 지금도 주로 자연의 세계에 영향을 받은 그림을 계속 그리고 있지요. 쥐라기의 공룡이든 아마존 열대 우림에 사는 거미원숭이, 재규어 또는 그가 사는 곳 근처 국립 공원의 물총새와 수달이든 가리지 않아요.

그린이 **안젤라 리자**
안젤라 리자는 집 주변의 야생 동물과 어린 시절 가장 좋아하던 이야기에서 영감을 받습니다. 어린이 책을 작업할 때에는 내면의 아이가 좋아할 이미지를 떠올리고, 독자들의 관심을 사로잡을 내용과 색상을 마음껏 넣어 수준 높은 그림을 그립니다.

옮긴이 **김미선**
중앙대학교 사학과 졸업 후 미국 마켓 대학교에서 커뮤니케이션으로 석사 학위를 받았습니다. 현재 어린이·청소년 출판 기획 및 번역을 하고 있습니다. 옮긴 책으로 《아홉 살에 처음 만나는 별자리》, 《어린이를 위한 세계사 상식 500》, 《어쩌다 고고학자들》 등이 있습니다.

감수 **이정모**
서대문자연사박물관, 서울시립과학관, 국립과천과학관에서 관장으로 재직했고, 2019년 과학 대중화에 기여한 공로로 과학기술훈장 진보상을 받았습니다. 《과학관으로 온 엉뚱한 질문들》 등 여러 도서를 썼으며 《모두를 위한 물리학》 등 많은 도서를 번역했습니다.

일러두기
이 책의 용어들은 대체로 〈표준국어대사전〉을 따랐고, 〈두산백과사전〉, 〈지질학백과〉 등을 참조했습니다. 이 책의 일부 서술은 한국 독자의 이해를 돕고 과학적 사실에 부합하기 위해 원서의 내용을 약간 수정한 것임을 밝힙니다.

사진 출처
사진 사용을 허락해 주신 분들께 감사 말씀을 드립니다.

The publisher would like to thank the following for their kind permission to reproduce their photographs:
(Key: a-above; b-below/bottom; c-centre; f-far; l-left; r-right; t-top)
6 Science Photo Library: Sinclair Stammers. **9 Dreamstime.com:** Zeytun Images. **10 Alamy Stock Photo:** Auk Archive. **12-13 Dorling Kindersley:** James Kuether (bc). **12 Getty Images / iStock:** dottedhippo (clb). **13 Dorling Kindersley:** James Kuether (br). **14-15 With permission of the Royal Ontario Museum, © ROM. 16-17 Alamy Stock Photo:** The Natural History Museum, London. **18 Science Photo Library:** Millard H. Sharp. **20-21 Alamy Stock Photo:** Roberto Nistri. **22-23 Alamy Stock Photo:** Alessandro Mancini. **24 Alamy Stock Photo:** The Natural History Museum, London (br, tl). **25 Alamy Stock Photo:** The Natural History Museum, London (b). **26-27 Dorling Kindersley:** Natural History Museum, London. **30-31 Alamy Stock Photo:** All Canada Photos / Stephen J. Krasemann. **32-33 Alamy Stock Photo:** Corbin17. **34 Dorling Kindersley:** Geological Museum, University of Copenhagen, Denmark / University Museum of Zoology, Cambridge. **36 Getty Images / iStock:** DigitalVision Vectors / Nastasic (cb). **37 Alamy Stock Photo:** Science History Images / Photo Researchers (tc). **Dorling Kindersley:** Royal Museum of Scotland, Edinburgh / Trustees of the National Museums Of Scotland (crb); James Kuether (cra). **39 Alamy Stock Photo:** The Natural History Museum, London. **41 Alamy Stock Photo:** Sabena Jane Blackbird. **42 Alamy Stock Photo:** The Natural History Museum, London. **44-45 Alamy Stock Photo:** The Natural History Museum, London. **47 Alamy Stock Photo:** Album. **48-49 Alamy Stock Photo:** The Natural History Museum, London. **50-51 Science Photo Library:** Science Source / Millard H. Sharp. **53 Dreamstime.com:** Prillfoto. **54 Dorling Kindersley:** Natural History Museum, London. **56 Bridgeman Images:** © Tyne & Wear Archives & Museums. **60-61 Alamy Stock Photo:** Sabena Jane Blackbird. **62-63 Science Photo Library:** Science Source / Millard H. Sharp. **66-67 Dorling Kindersley:** Natural History Museum, London. **68-69 The Trustees of the Natural History Museum, London. 70-71 Getty Images:** AFP / Kazuhiro Nogi. **72 Brett Eloff. 74-75 Dreamstime.com:** Russell Shively / Trilobite. **77 Alamy Stock Photo:** The Natural History Museum, London. **78-79 Palaeontological Collection, Tübingen. 81 Alamy Stock Photo:** The Natural History Museum, London. **82-83 Institute of Vertebrate Paleontology and Paleoanthropology, Chinese Academy of Sciences. 85 Alamy Stock Photo:** Gary Whitton. **86-87 The Trustees of the Natural History Museum, London. 89 Alamy Stock Photo:** Science Photo Library / SCIEPRO (ca). **Getty Images / iStock:** Warpaintcobra (clb). **90-91 Dorling Kindersley:** Senckenberg Gesellschaft Fuer Naturforschung Museum. **93 Alamy Stock Photo:** Kevin Schafer. **94-95 Dorling Kindersley:** Institute und Museum fur Geologie und Palaontologie der Universitat Tubingen, Germany. **98-99 Dreamstime.com:** Shutterfree, Llc / R. Gino Santa Maria. **100-101 Alamy Stock Photo:** The Natural History Museum, London. **103 Dorling Kindersley:** Natural History Museum. **105 Getty Images / iStock:** CoreyFord (br). **106-107 Science Photo Library:** Sinclair Stammers. **109 Science Photo Library:** Millard H. Sharp. **110 Getty Images:** Toronto Star / Bernard Weil. **112-113 Alamy Stock Photo:** NDK. **115 Alamy Stock Photo:** John Cancalosi. **116-117 Alamy Stock Photo:** Gabbro. **119 Dreamstime.com:** Corey A Ford (bl). **Getty Images / iStock:** Elenarts (bc). **120-121 Alamy Stock Photo:** The Natural History Museum, London. **122-123 Shutterstock.com:** Ryan M. Bolton. **124-125 Science Photo Library:** Millard H. Sharp. **126-127 Rocky Mountain Dinosaur Resource Center:** Triebold Paleontology, Woodland Park, Colorado. **128-129 Dorling Kindersley:** Royal Tyrrell Museum of Palaeontology, Alberta, Canada. **130-131 Dreamstime.com:** Martina Badini. **132 Dorling Kindersley:** Natural History Museum, London. **134-135 Dorling Kindersley:** Royal Tyrrell Museum of Palaeontology, Alberta, Canada. **136-137 Dreamstime.com:** Fabio Iozzino. **138-139 Alamy Stock Photo:** Balz Bietenholz. **140 Dorling Kindersley:** The Natural History Museum. **142 Alamy Stock Photo:** WireStock (bl). **146-147 Alamy Stock Photo:** Richard Cummins. **148-149 Alamy Stock Photo:** The Natural History Museum, London. **150-151 Alamy Stock Photo:** The Natural History Museum, London. **152-153 Dorling Kindersley:** Oxford Museum of Natural History. **154-155 The Trustees of the Natural History Museum, London. 156-157 Dorling Kindersley:** Senckenberg Gesellschaft Fuer Naturforschung Museum. **160-161 The Trustees of the Natural History Museum, London. 162-163 Science Photo Library:** Millard H. Sharp. **164-165 Alamy Stock Photo:** Dembinsky Photo Associates / Dominique Braud. **167 Bridgeman Images:** © Tyne & Wear Archives & Museums. **168-169 Science Photo Library:** Barbara Strnadova. **170-171 Alamy Stock Photo:** Roland Bouvier. **172-173 Alamy Stock Photo:** The Natural History Museum, London. **174-175 Science Photo Library:** Millard H. Sharp. **176 Alamy Stock Photo:** Science Photo Library / Alfred Pasieka. **178 Alamy Stock Photo:** Andrew Rubtsov. **181 Dorling Kindersley:** Natural History Museum, London. **182-183 Science Photo Library:** Millard H. Sharp. **184 Dorling Kindersley:** Oxford Museum of Natural History. **186-187 Muséum de Toulouse:** Didier Descouens. **188 Dorling Kindersley:** NASA / Simon Mumford (bl). **Science Photo Library:** Mikkel Juul Jensen (clb). **188-189 Getty Images / iStock:** leonello (b). **189 Alamy Stock Photo:** Stocktrek Images, Inc. / Roman Garcia Mora (tc). **Getty Images / iStock:** CoreyFord (cr). **Science Photo Library:** Roman Uchytel (tr). **190-191 Dorling Kindersley:** Natural History Museum, London. **193 Bridgeman Images:** © Natural History Museum, London. **194-195 Alamy Stock Photo:** National Geographic Image Collection. **196-197 Dorling Kindersley:** Natural History Museum, London. **198-199 Alamy Stock Photo:** Corbin17. **201 Alamy Stock Photo:** The Natural History Museum, London. **202-203 Science Photo Library:** Science Source / Millard H. Sharp. **204-205 Shutterstock.com:** Sipa / Konrad K. **206-207 Alamy Stock Photo:** Martin Shields. **208-209 Shutterstock.com:** Liliya Butenko (ca). **209 Dreamstime.com:** Valentyna Chukhlyebova (br); William Roberts (l)

Cover images: *Front:* **Dorling Kindersley:** Natural History Museum, London cla, cl, cb; **Getty Images / iStock:** stockdevil ca; **The Trustees of the Natural History Museum, London:** cra

All other images © Dorling Kindersley. For further information see: www.dkimages.com